女人20+

转身遇见未知的自己

楚红袖
编著

海潮出版社
Hai Chao Press

图书在版编目(CIP)数据

女人20+转身遇见未知的自己/楚红袖编著.—北京:海潮出版社,2012.2
ISBN 978-7-5157-0127-1

Ⅰ.①女… Ⅱ.①楚… Ⅲ.①女性—成功心理—通俗读物 Ⅳ.①B848.4-49

中国版本图书馆CIP数据核字(2011)第247688号

书　　名:女人20+转身遇见未知的自己

作　　者:楚红袖
责任编辑:张莉　王惠平
封面设计:嫁衣工舍
责任校对:徐云霞
出版发行:海潮出版社
地　　址:北京市西三环中路19号
邮政编码:100841
电　　话:(010)66969738(发行)　66969736(编辑)　66969746(邮购)
经　　销:全国新华书店
印刷装订:北京紫东精装书刊印刷厂
开　　本:710mm×1000mm　1/16
印　　张:18.75
字　　数:240千字
版　　次:2012年2月第1版
印　　次:2012年2月第1次印刷
书　　号:ISBN 978-7-5157-0127-1
定　　价:35.00元

前 言

前几年有部风靡大江南北的电视剧《士兵突击》，剧中那个憨乎乎的主人公许三多有句名言“活着，就是做有意义的事。”

那么脱离了象牙塔的保护，一脚迈进了社会的你，有没有认真想过，你要怎么活着？

20几岁是女人一生的黄金时期。这个年纪的女人，活泼如初升的太阳，娇媚如早春的花朵，优雅如翩飞的蝴蝶，快乐如翱翔的小鸟。20几岁的女人，是朝气蓬勃、奋发向上的。她们享受了上天太多的宠爱，连仙女都要为之艳羡不已。然而，她们也有压力、有彷徨、有惆怅。她们想追求爱情，却怕被伤害；想“日夜欢歌”，又怕虚度光阴，“白了少年头，空悲切”；她们想奋发图强，又怕“力有未逮”；她们想开创事业，却怕做了“女强人”，男人都望而却步。她们在享受青春的同时，有着太多的迷茫与无奈。她们需要社会的关注，需要有人为她们排忧解难，为她们指点迷津。

20几岁是一个过渡，从人生的一种景象过渡到另一种景象。光阴似箭，女人过了20岁，转眼就奔向30大关。等到了那个时候，不管你的五官如何精致，对镜梳妆，也总能发现岁月的风霜已经在脸上留下了丝丝缕缕的痕迹。你精力大不如前，然而压力却是与日俱增，家庭、孩子、工作、人际关系等一大摊的事务无情地向你席卷而来，愈发地加重了身心负担。所以，明智的女人不会30岁时才蓦然惊醒，自己已是蹉跎岁月，“百废待兴”。而是应该趁着20几岁年富力强的大好时机，积极主动地为自己的一生幸福打下一个坚实的基础。

一个女人的成功靠什么？

倾国倾城的容貌？凄楚动人的眼泪？长袖善舞的身姿？完美无缺的婚姻？

女人，要靠的，是自己！

每个女人都有权利，也有义务让自己的人生丰富多彩。自从你呱呱坠地那一刻起，就承担了耕耘幸福的责任，你要在人生的各个不同阶段完成你的使命，演绎你自己的人生故事，直至生命之舟驶入它的终点站。在这艘命运之舟上，每个女人都是自己的舵手，你的目标在何处，你的航向怎样规划，你将怎样度过此生，所有这些全部由你自己来把握。

总之，20几岁是个值得女人深思的年龄。即使你是个淡泊名利、与世无争的女子，你也需要客观地审视这个特殊的年龄段，并把你的人生定位于20几岁前，在这段时光中，你要破茧成蝶，完成属于自己的华丽转身。为自己赚足一生的资本，扎稳成功与幸福的地基。这样，你才能在今后的日子里，为自己赢得相对从容的生活。

目　录

第一章　认知：

从 school girl 到 Office Lady 的转身

一　记住，你是自己的女王不是别人的女主角

大概没有一个女孩子没做过梦，幻想自己能像童话里的公主一样，美丽优雅，享受着众星捧月一样的宠爱。

女孩子嘛，总是爱做梦的。因为梦境能带给我们亦真亦幻、亦实亦虚的错觉，那是一种很美妙的滋味。有时候，你甚至分不清它到底发生过没有。是很久以前发生过的，还是很久以后要发生的？又或者，它根本就不会发生……

梦境也是需要载体的。时下炙手可热的泡沫剧便成了爱梦群体的剧本——帅得一塌糊涂的权相宇，美得无懈可击的崔智友，一出场就可以引发无数女生忘形尖叫的明道，声音甜美、娇小玲珑的王心凌。温柔却霸道的男主角，天真、倔强而又善良的女主角，一场看是偶然却是必然的误打误撞，便成全了一个故事，谱写了一段佳话。

对有些人来说，故事看完了，帷幕落下了，便起身离开，挥一挥衣袖，不带走一丝云彩。可是有些人，则把自己看进了戏里，徘徊在荧屏前，沉溺在剧情里，为那些虚构的情节黯然神伤，梨花带雨。喜他人之喜，悲他人之悲。

那么，亲爱的，你究竟是活在戏里，还是活在戏外？

你有没有深思过，是要继续沉浸在浓情四溢的象牙塔里构思那些不着边际的梦，还是决定搬出那座城堡勇敢面对现实社会？

要知道，泡沫剧里的白马王子和灰姑娘，生活中是不存在的。那些浪漫的情节，是温柔的毒，是看不见的蛊，是超越了现实生活之外的第二生活。它们正在不断地侵蚀着你尚未成熟的思想和灵魂，然后就会影响到你的人生观和价值观。剧中的爱情出现的可能只有彩票中奖的机率。就如同

那梦幻中的童话故事，使你在理想与现实之间永远沉浸于一种虚构与遐想之中。

生活，是过出来的，不是想出来的。如果有空闲时间，不妨去看看书，听听音乐，散散步，学着经营自己。你可以创造自己的童话，却不要幻想成为他人故事中的女主角。做自己故事中的女王，一切都掌握在自己的手中，你的世界是属于你的。而他人的故事太过虚无缥缈，你走不进去。即使走进去了，也把握不住。

很多人容易把“现实”和“世俗”两个字联系起来。现实是当前存在的客观事实，世俗是当下盛行的风气。很明显，它们都存在于眼下，可是，很多现实中的女孩，却世俗不屑一顾。她们觉得“世俗”这个词本身便带着一种贬义，是庸俗、是粗粝、是一种侵蚀人的灵魂打击人梦想的讨厌东西。但是，谁能一辈子都做天真烂漫、没心没肺的少女，而不在慢慢流走的时光洪流里终老了容颜？谁又能一辈子都活在设想的情节里，而不过问日常生中的点滴琐事呢？

女孩，现实一点，抛开那些不着边际、没有根据的剧本回到现实生活中，做一个真实的自己，找回属于自己的梦。不要活在荧幕中别人的世界里，你，只是属于你自己的，你是你自己世界里的王，不是泡沫剧外凄凄楚楚欲语还休的追捧者。

走出梦境吧，别再犯迷糊了，要在现实中认真为自己而活。阳光下的肥皂泡虽然美丽，但却不能维持多长时间，终归是要破灭的。

二 不必苛求，世界因缺憾而美

女人似乎天生就是个完美主义者。现今社会，有很多女性都拼命的追求完美。她们容不得自己有一丝的瑕疵，隆胸、割双眼皮、隆鼻、割唇线、无节制地减肥，恨不得自己纤瘦如林妹妹，妩媚如范冰冰。

本想做个 E 光脱毛美容项目，让自己的双臂变得光洁美丽，却不想双臂色素沉着，变得斑斑驳驳；原想通过隆鼻术使自己的鼻子高挺，没想到鼻子却肿胀、脱皮，差点毁容……在 3 月 15 日通报的医疗美容典型案例中，这样的例子屡见不鲜。

小云已经有了七八年的减肥史了。“我因为曾经减得太猛，导致月经失调。现在不敢再采用什么激进的方法，但我也不敢多吃，每天计算大概吃了多少热量，到了上限就打住，然后必须多做运动消耗掉。这段时间心情非常焦躁，我每天都十分关注吃了什么，会不会增肥。比如说，我想吃一样东西，但一想热量高，就算了，换别的。好像每天就关注减肥这一件事。我也知道自己不算太胖，就是骨架很大，但不知道为什么，总是希望自己再瘦一点。”

心理师说，许多女孩对于自己身材过于苛刻的要求，其实也属于一种强迫倾向。这种人往往对自己的外貌、身材都过于重视。这其实是一种对自我不认同的表现。这种人往往会通过别人对自己的评价对自己定性，并且过度追求完美。此外，这类人在其他行为上也容易受到暗示，情绪也经常时好时坏。从社会角度来说，现代文化对于“苗条”的肯定和赞许，媒体的过多宣传，容易对年轻的女孩子产生潜移默化的影响。

事物都有两面性，对于这些人来说，完美主义的真正意义在于一种逃避。他们觉得人生有太多的不完美，生活中的不如意、工作上不顺心，仕途上屡屡不得志等等。他们认为整个人生就如工厂里发出的刺耳的噪音，非常不和谐。他们所做的工作就是逃避这些不完美的东西。因为他们对此无能为力，于是他们要极力摆脱不完美对他们的束缚。秩序是完美主义者的生命基素。他们总是把精力投注到自己身上或他们所关注的事物上，致力于个人空间的井然有序。他们的内在生活犹如特护病房一样谨慎小心。但是，如同任何新病情都会使病人和护士感到极大的恐惧和不安而造成骚动一样，完美主义者在任何突发的情况下都显得紧张，内心极其烦躁。

完美主义者心中有一个不灭的目标——追求完美。这个意念萦绕在他们的心头，促使他们一生中都朝此奋斗不息。但是，他们给完美所下的定义不同于一般人所说的完美，一般的人给完美下的定义是“十全十美”。而他们追求的是确定、精确的“完美”。他们会非常仔细地注意每一事物的细微之处、有时甚至达到吹毛求疵的地步。

这个世界上不存在绝对的东西，有利必有弊。追求完美是好事情，但是如果做过了头，便不能达到预期的效果了。适得其反就是这个意思。其实，“完美”也不过是个错觉，那只是对于内心所向往的东西期望过高的人们强加给自己的枷锁，在任何事物面前，我们的躯体和灵魂都是自由的，为什么非要被一个不存在的幻象给禁锢住呢？

放弃追求这些所谓的“完美”吧，人生不如意事十之八九，我们的世界本来就是因为缺憾而美丽。

三 活在自己的世界里，抓住幸福的主动权

女人，都是喜欢收到礼物的。不管是昂贵还是低廉，不管是从专卖店选来的还是从路边摊淘来的，但是在拿到手上时，心里都会有难以言状的幸福感和满足感溢出来。所以，从某种程度上来说，女人的快乐，与物质有一定的关联。

小萌和男友有着长达7年的爱情马拉松。爱情的最开始，总是甜蜜与幸福参半，男友总是记得每一个与他们有关系的节日，她的生日、情人节、妇女节、他们在一起的周年纪念日，然后每个节日小萌都会收到不一样的惊喜。有时候是橱窗里她看了很久都不敢下决心买的裙子，有时候是超市里随处可见的小玩具。可是随着在一起的时间越来越长，两人之间也越来越熟悉，男友也没以前那么宠着她了，也忘记送节日礼物了，甚至忘记她的生日。小萌从原来的翘首期盼到后来的失落，从希望到失望。后来，她终于醒悟，没人送礼物，可以自己给自己买礼物呀！洗个泡泡浴，做做美容，上街购物，不是很好吗？何必让自己的心情在没人送礼物的节日里变得糟糕呢？太不值得了。于是她精神抖擞地上街淘来了自己喜欢的东西，很是满足，很是开心。她告诉自己，以后的每个节日都是自己的，都要为自己买礼物，不能因为没有男友的礼物而不开心。她要为自己喜欢的东西买单。

他送你礼物，你就开心，忘记送你礼物或是送的不是你想要的礼物你就一个人生闷气，实在没有必要这样为难自己。别再提心吊胆地担心对方忘记自己的生日，也不要又哭又闹地拷问对方为什么不给自己在情人节那

天买礼物。年轻的女孩往往更关注自己在男友心目中的地位，而成熟的女性则更关注自己喜欢怎么样。所以前者往往把快乐建立在别人身上，而后者则会主动创造快乐，而所有女孩都应该像后者那样更加理智成熟。

想吃什么就吃什么，想买什么就买什么。看到了喜欢的东西，不要等着男人来为你埋单。有喜欢的男孩送东西给你，可以欣然接受，但一定要清楚的知道他们并不是你永远的钱包。

天气不好，感到劳累，甚至别人的外貌有点儿不如意，总之生活中林林总总的事，一不小心就让你不快乐。2000 年前，希腊哲学家爱比克泰德曾说："让我们感到不安的是我们自己的看法。"

女人通常把幸福和安全感联系在一起。可是，我们实在不应该亏待自己，心情是自己的，干嘛要被别人的举动所牵制呢？

一个人的快乐，不是因为他拥有的多，而是因为他计较的少，多是负担，是另一种失去；少非不足，是另一种多余；舍弃也不一定是失去，而是一种更广阔的拥有。美好的生活，应该是时时拥有一颗轻松自在的心。不管外在世界如何变化，自己都有一片清净的天地。

我们要活在自己的世界里，幸福的主动权就在我们的手里，为自己喜欢的东西埋单，为自己制造快乐。

四　定好方向，让梦想之帆起航

在非洲一个茂密的丛林中，走着四个皮包骨头的男子，他们扛着一个沉重的箱子，在密林里踉踉跄跄地往前走。他们跟随队长进入丛林探险，可是队长却在任务即将完成时突患疾病而不幸长眠于林中了。临终前队长把他亲自制作的箱子托付给他们并十分诚恳地说："如果你们能把这个箱子送到我朋友的手里，你们将会得到比金子还要珍贵的东西。"

埋葬了队长之后，他们便扛着箱子上路了。道路越来越难走，他们的力气也越来越小了，但他们仍然坚持着往前走。

终于有一天，一道绿色屏障打开了，他们历尽千辛万苦终于走出了丛林，找到了队长的朋友。可那个朋友却说："我一无所知啊!"。于是他们打开了箱子，令他们惊讶的是，里面竟是一堆毫无用处的木头。

其实，队长给他们的不是一堆无用的木头，而是一个行动的目标。而他们也确实获得了比金子更贵重的东西——生命。

如果没有目标，就不会有努力的具体方向，即便是你付出比别人好几倍的努力，你依旧是在原地踏步。大海是航船的目标，天空是苍鹰的目标，硕果是花蕊的目标，高尚是修身的目标，工作是学习的目标，成功是奋斗的目标，闪光的锦绣前程是我们不断磨砺自己的目标。因为我们怀揣希望，因为我们背负梦想，所以等待才不觉得是煎熬。目标，是苦乐人生中不断鞭策我们前进的动力。

苏格拉底说："在一个人的生命中，如果没有一个明确的人生定位，那么他既不能有益于社会，也不会快乐幸福。"

为自己的人生定好位，才能找到适合自己走的人生之路。正如有一大箱的工具，如果不放到需要它们的行业中去，这些工具就毫无用处。

著名的推销大师原一平说："就我个人来讲，每年都要确定自己的目标，并以突破这个目标而努力奋斗。除了公司方面规定的定额之外，我还为自己规定了工作定额。这个定额当然比公司要求我的数目要高得多，而我总是先以自己的定额为目标去开展工作。"

如果迷失了前进方向，仅仅是按照自己的冲动和本能行事，那么你绝不可能成就一番事业，你也不可能成为一个在群体中受到关注的人物，因为没有人能预测你明天将做什么，或者说你在明天能否做成什么。

没有明确的人生定位，没有明确的奋斗目标，就好像茫茫大海中无桨的船只，虽然在晨曦出露之际加速前行，拼尽了全力，也还是在暮色四合之时一无所获，到达不了理想的彼岸。日复一日，年复一年，等你在荏苒的岁月中蹉跎了华年，你就会发现，自己一直是碌碌无为。

远大的目标，可以促使我们永不停步，促使我们不断进取。在二十几岁的时候，就要学会制定目标，要让目标远远超越现实而又牢牢贴近生活。确定目标，就是定位人生；实现目标，就是升华人生；为目标而奋斗，就是充实人生。

如果你想要人生的每一步都走得充满意义，如果你想要自己的后半生不在后悔和遗憾中度过，你就要给自己确定一个明确的目标。

五　不再等待，机会在你自己手中

日常生活中，我们经常会听到这么一句话："给个面子吧。"这可以说是一句套近乎的话，可是仔细想想，他其实是在请求别人给他机会。

A在合资公司做白领，觉得自己有满腔抱负和才识，缺的只是一个得到上级赏识的机会，便经常想：如果有一天能见到老总，有机会展示一下自己的才干就好了！可是几年过去了，直到离职，也仅仅是每年在公司年会上见过老总一面。

而A的同事B，也有同样的想法，不过她更进一步，去打听老总上下班的时间，算好他大概会在何时进电梯，她也在这个时候去坐电梯，希望能遇到老总，有机会可以打个招呼。后来老总是见到了，招呼也打过了，但是老总只是冲她点了点头，微笑了一下，自始至终，B也只是和老总打了个招呼而已。

而她们的同事小C却不一样。她详细了解老总的奋斗历程，弄清老总毕业的学校，人际风格，关心的问题，精心设计了几句简单却有分量的开场白。在算好的时间去乘坐电梯，跟老总打过几次招呼后，终于跟老总长谈了一次，并通过自己的努力和工作业绩，不久就争取到了更好的职位。

愚者错失机会，智者善抓机会，成功者创造机会。机会只给准备好的人，而这准备二字，并非说说而已。

事事用心，才能把事情做在前面。这需要你主动地去做事，抓住每一个机会。美国的富豪金克拉在一次演讲中说：“许多人空叹没有机会，机会来时，他们却总是因为没有准备好，而与机会失之交臂。我的建议是只要你准备好迎接机会，机会随时都会来叩门。”

机遇只垂青有准备的头脑，它稍纵即逝，想要准确地抓住它，必须进行各方面的准备。把事情做在前面，需要不断学习、不断思考。所以兵书上才会说：“惟有运筹于帷幄之中，才能决胜于千里之外。”

经常有人抱怨：“牛顿那个著名的苹果为什么不是掉在我的头上呢？那只藏着‘珍珠’的巨贝怎么就产在巴拉旺，而不是在我常去游泳的海湾？”

实际上，并非你没有遇到这样的机会，最主要的是你没有把它主动地揽入怀里：也许在你必经的路上不止一次不偏不倚地掉下一个苹果，结果你每次都把它拾起来吃了；也许你不止一次遇到宝石，只是由于它每次都将你绊倒，结果你爬起来后，怒气冲天地将它一脚踢进了路边的草丛中。

戴尔·卡耐基曾说的一句话：“成就最大的人，往往是那种愿意行动而且敢于行动的人，‘万事俱备’号轮船永远不会驶离码头太远。”唯有那些主动出击、善于创造机会和把握机会的人，才可能从最平淡无奇的生活中找到一丝机会，用自身的行动改变他们的处境，把自己的人生之船开到理想的彼岸！

机会，不是等出来的，而是创造出来的，它只忠于提前为它做过准备的人。好的机会就像高挂在树上的果子，它不会自动掉落在我们的怀里，只有大胆地争取，努力地创造，才有可能品尝到成功的喜悦。机会靠自己创造，命运靠自己把握，把握机会就是享受自己的生命。

那就让我们努力拼搏，为自己的成功创造更好的机会吧！

六 跌倒了，不要急着爬起来

有一句话说：在哪儿跌倒的，就在哪儿爬起来。没错，在哪儿跌倒的，那儿就是一个坎儿，我们想要继续往前走，就不能绕过这个坎儿，就得在这儿爬起来。于是有些人就说，赶紧爬起来继续前进吧，时光不等人的。你跌倒的瞬间，不知道有多少人已经超越你了。但是你想过没有，既然都跌倒了，为什么不享受一下跌倒的乐趣，看看跌倒的风景呢？

有这样一则故事：一个旅行者在行进的途中，突然改变了原来选定的路线，决定抄近路前往目的地，没想到在他穿越那片看似很平坦的草地时，没走几步，脚就被什么东西猛地绊了一下，把他摔了个跟头，对此，他没在意，从草地上爬起来，揉了揉有点痛的膝盖，继续前进，但是没走出几十米，他又结结实实地摔了一跤，这一回，他没有急着爬起来，而是躺在那里，一边揉着受伤的膝盖一边仔细地打量着脚下的草地。

原来，绊倒他的是一个藤环，那是一种丛生的植物疯长形成的，极其柔韧的枝蔓编织了一个很隐蔽的藤环，在他跌倒的周围有很多这样的藤环，行人稍不留意，就能绊一个跟头，待他坐起来，将目光再往前一延伸，不由得大吃一惊——前方不远，隐藏在鲜花绿草间的，竟是一片可怕的沼泽地。

这位旅行者转到另一条安全的路上，他不由得庆幸刚才跌倒的那个跟头，庆幸自己没有像第一次那样漫不经心地急着爬起来赶路，而是细心地查清了自己跌倒的原因，还认真地打量了一下自己原本自信的道路。

事后，他又心有余悸地听说，那片隐藏在草地深处的沼泽，不久前还吞噬了两个路人呢。

现在，回想一下我们走过的路，难道不也正是有许许多多的不如意吗？生活中，有很多的挫折，工作、家庭、婚姻、亲情、朋友之间的人际关系……尤其是我们在事业中，一旦遇到坎坷而跌倒时，不妨也先停下来，要看看是什么绊住了自己。哪怕是一颗小小的石子，都不要轻视。从中找到失败的原因，休息一下，再站起来前行。

雨果说过："比海洋更宽阔的是天空，比天空更宽阔的是人的心灵。"如果我们的内心总是被虚荣、贪欲、自私、势力等许多妄念所笼罩，而不是充满了坚强、希望，那么我们一旦遇上了各种挫折就会倒下去，从此再也站不起来。可是既然我们已经跌倒了，就躺在那里待一会儿吧，因为我们难得"偷得浮生半日闲"。不如用这"半日闲"来想想自己为什么会跌倒、是怎样跌倒的、爬起来之后该怎么继续走？沉思过后，就要敢于放手一搏，为自己创造一个良好的弥补机会，从自己的头脑中抛掉曾被失败占据的思想，那么，我们就不会在遭遇万般挫折之后心灰意赖，而是要以一个勇者的心来面对一切，乘风破浪，百折不挠，成功没有彩排的机会，我们要面对每一天、每一件事物，对于一切压力、挫折和屈辱，要勇敢面对，这样才会使我们站起来，从此坚信一切，不再言败。

七　赋予自己一双发现美的眼睛

法国雕塑家罗丹曾说过："美到处都有，对于我们的眼睛，不是缺少美，而是缺少发现。"有些人抱怨生活乏味无趣，没有美的享受，其实，熟悉的地方也有美的风景，关键在于改变我们自己，改变了，风景就扑面而来。

当朝霞在天空铺展，天空泛起了鱼肚白，太阳从东方徐徐升起，照耀着大地，红光映在你的屋里，惬意而又温馨。这时，你手捧一本喜爱的书，沉浸在奇妙的文字世界中。此时，周围寂静无声，你一卷在手，犹如独自走在人生的旅途中，犹如与挚友小聚，品茶交谈。当那奇妙的文字在你脑海一一闪过时，你会有一种心境澄澈的感受，一份激情，一份快意……这时，美便在你的身边环绕，你是否将它拒之门外，不肯接受这美的享受？美就在我们身边，只是我们没有发现。

生活中处处存在着美。家里面井然有序，窗明几净，各种家什摆放错落有致，这是一种整洁的美；端庄秀丽，静谧可人，这是一种沉静的美；落落大方，清新自然，这是一种自信的美；平和洒脱，超然物外，这是一种闲适的美；粗犷豪放，不拘小节，这是一种大气的美。

“清水出芙蓉，天然去雕饰”，天地自然之灵气铸就成了一种浑然天成的美，美得清秀而丰盈，是集自然之大成的一种超脱的境界。“小荷才露尖尖角”般的灵秀，使人摆脱俗气，过目难忘。这些叫人忘俗的天然之美，可能谁都会见过，只是大多忘记了欣赏，没有真正感到那种透视的美。

倘若说欣赏自然之美需要睿智和一双善于发现的眼睛，那么欣赏人间真情，则需要有细腻的情感。现代社会，许多人因生计而疲于奔波，许多事情往往被忽略了，渐渐地把日子过得淡然无味，一头雾水，不知道生活到底为了什么？

常常感动于亲情的温暖，感动于朋友间情谊的真挚，可当有人溺水时，岸上的人或许大声呼救，或许焦急万分，但无论如何最感人的还是纵身跳下去救人的那个人，这是一种真诚无畏的美。人在落魄时，萎靡不振，孤独无助，那个能助你排忧解难的人，恰似明月的青辉毫不吝啬地倾洒入你的心田，顿时那种诚挚而热心的美会感动你一生。那个能助你抚慰心灵创伤、改变你命运的人总是叫人敬佩，这种无私而拯救心灵的美会让你永世不忘。

身边的琐碎事情看起来凌乱而繁杂，不经意中大多放弃了，长时间的漠然必然麻木不仁，也就无从谈起美的存在。

欣赏美其实很简单，如果你对内在世界的美丽漠不关心，那你无论如何也看不见外在世界的美丽。摒弃偏见和固执，一种前所未有的美就呈现在你眼前了，因为美就在你的心中。找到心中的美，生活中处处都能找到美。

美的极致便是安详，美是一种毫无目标的愉悦。人如果能摒弃偏执，丢下无谓的烦忧，哪怕一片树叶，一朵小花，都能发现它的美，只要用心，生活中的美和喜悦便会不请自来。

生活不都是快乐和幸福，同样生活也不可能全是落寞和寂寥。用一种欣赏美的眼光去看看阳光和雨露，恬淡而愉悦，用一种欣赏美的眼光去看看花草树木，清新而爽快，用一种欣赏美的眼光去看看大海，辽阔而深远……

生活中的美充满在各个角落，要的是你学会发现，学会欣赏。练就一种修养，一种品位。适时捕捉和欣赏生活中的美，为心灵开一扇窗，让“美”自己走进来。

八 别被情绪“奴役”

有个脾气很坏的女孩，动不动就发脾气，令家里人很伤脑筋。

一天，父亲给了她一大包钉子和一只铁锤，要求她每发一次脾气都必须用铁锤在家里后院的栅栏上钉一颗钉子。

第一天，女孩就在栅栏上钉了30多颗钉子。但随着时间的推移，女孩在栅栏上钉的钉子越来越少，她发现自己控制脾气要比往栅栏上钉钉子更容易些。

一段时间之后，女孩变得不爱发脾气了。于是父亲就建议她：“如果你能坚持一整天不发脾气，就从栅栏上拔下一颗钉子。”又过了一段时间，女孩终于把栅栏上所有的钉子都拔掉了。

这时候，父亲拉着女孩的手来到栅栏边，对她说："孩子，你做得很好，可是，你看看那些钉子在栅栏上留下的那些小孔，栅栏再也不会是原来的样子了。当你向别人发过脾气之后，你的言语就像这些钉子孔一样，会在人们的心灵中留下疤痕。你这样做就好比用刀子刺向别人的身体，然后再拔出来，无论你说多少次'对不起'，那伤口都会永远存在。"

女孩子的心思，总是异常地敏感，她们的情绪总是会随着生活中的大事小事好事坏事而潮起潮落。很多事情，总是来得很突兀，让你措手不及，不幸的发生、疾病的降临、误会的产生、失败的打击，它们既然已经来了，已经发生了，就任谁也改变不了了。可是，我们虽然无法扭转事实，却可以左右自己的情绪，改变自己的态度。

马克思说过："一种美好的心情，比千服良药更能解除生理上的疲惫和痛楚。"

想要过什么样的生活，想要一件事情以怎样的方式面世，想要自己给别人留一个什么样的印象，这些都完全取决于你自己，只有你自己有这个主动权，也只有你自己可以左右自己的情绪。

对于年轻的女孩子来说，最容易受身边事物的影响，也最容易被自己当下所处的环境所感染。所以，就更需要学着控制和调解情绪了，如果任这些坏情绪放任自流，而控制了你自己，那么它就会给你传递一些错误的虚假的负面信息，最终只会让你丧失斗志、毁灭意志、迷失自我。

职场亦是如此，很多人在工作中总是不能很好地把握自己，总是带着情绪来做事，结果自然不会乐观。刚刚走出象牙塔的时候，脑子里尽是些天马行空的美好构造，爱憎分明、直来直往、以自我为中心。初涉职场，难免会在缤纷复杂的社会大染缸里碰壁。希望下面这些建议能对你有所帮助。

第一，要驾驭愤怒情绪。其实，喜怒哀乐是人之常情，愤怒是一种激烈的情绪表现，是有一定好处的，但是经常发怒就不好了。有人说了，怒伤肝，所以我们要学会加强心理的控制，提高修养。在情绪失控的时候采用拖延法或者转移法，在心中数数或者转移注意力，以控制怒火。

第二，要克服紧张情绪。压力、矛盾，冲突，风险，危机，很容易使我们紧张，过度的紧张对工作对身体对生命都没有好处，那克服紧张的情绪方法是什么？有正确的目标，沟通协调，学会享受，参加一些文明的娱乐活动。

第三，避免急躁情绪。主要是培养自己的忍性，目标适当，张弛有度，沉着冷静，学会冷处理。

第四，摆脱消极情绪。培养自己的积极情绪，热情的心态，开朗的心态，成就感的心态，自己找乐趣，自找乐子。

第五，合理的宣泄。因为压力太大了，你控制控制，控制在心里面爆炸，控制在肚子里面爆炸，可以适当的宣泄。用语言用行为来发泄心中的不良情绪，保持心态平衡。

第六，学会放松。学会放松的情绪，放松的方法很重要的一个就是幽默，要富有幽默感，幽默特别能够减轻精神的压力，心理的压力。

情绪是一把双刃剑，也是一扇开启在我们内心深处的的奇妙窗口，它有时使我们精力充沛，有时又令我们疲惫不堪，但这并不意味人甘愿做情绪的奴隶，受情绪的支配，让理智引领情绪，驱除不良阴影，做情绪的主人！

九 放下负担，快乐地感受现在

美国剧作家怀尔德的作品《小镇》里讲了这样一个故事：

……

她年轻、美丽、被爱，然而，她死了。

她不甘心，这一点，天使也看得出来。于是，天使特别恩准她遁回人世，她并且可以在一生近万个日子里任挑一天，去回味一下。

她挑了十二岁生日的那一天。

十二岁，艰难的步履还没有开始，复杂的人生算式才初透玄机，应该是个值得重温的黄金时段。

然而，她失望了。十二岁生日的那天清晨，母亲仍然忙得团团转，没有闲暇多看她半眼，穿越时光回奔而来的女孩，惊愕万分的看着家人，不禁哀叹：这些人活得如此匆忙，如此漫不经心，仿佛他们能活一百万年似的。他们糟蹋了每一个“当下”。

其实这个故事提醒了我们，要放下负担，快乐地生活在此时此刻，无忧无悔。对未来会发生什么不去做无谓的想象与担心，所以无忧；对过去已发生的事也不做无谓的思维与计较得失，所以无悔。

二十几岁的年纪，其实是个“动乱”的群体，也许在这之前发生过很多被别人称之为“荒唐”的事情，令她们耿耿于怀，甚至于活在回忆里，终日似林黛玉一般凄凄楚楚、梨花带雨、默然感伤，或者就是沉浸在对未来无尽的幻想里，相信童话，期待奇迹，憧憬着“一夜之间”怎么样了。

现实终归是现实，梦终归是梦。人活百岁，不过三万多天，白驹过隙，忽然而已。何必将大把大把的时间花在缅怀过去和憧憬明天这些不切实际却尽是浪费光阴的无谓事上呢？

号称人生百岁，其实能活到七十也就算古稀了，其余三十年不过是个虚数。

更何况这期间有十岁是童年，糊里糊涂，不能算数。

后十载呢？又不免老年痴呆，

严格说来，中间五十年才是真正的实数；

而这五十年，又被黑夜占掉了一半；

剩下的二十五年，有时刮风，有时下雨，种种不如意；

至于好时光，则飞逝如奔兔，如迅鸟，转眼成空。

仔细想想，都不如抓住此刻，快快活活过日子划得来。

如果夸张而简明言之，人一辈子不过有三天，即昨天、今天、明天。

昨天是作废的证票，是过去的历史，是无法改变的；明天是未到期的证票，是未兑现的事实，是无法预测的；只有今天才是可以把握的，是最现实的。

明日永远都不会来，来的时候已经是今天。只有今天才是我们生命中最重要的一天；只有今天才是我们生命中唯一可以把握的一天；只有今天才是我们唯一可以用来超越对手，超越自己的唯一一天。

十　学会选择，懂得放弃

20几岁的女孩，正处在待塑造的阶段，思想和行为都不够成熟，这些往往都表现在她们的优柔寡断上面，她们往往不愿意面对抉择，逃避问题，因为害怕，害怕做出错误的决定，害怕承担后果。可是如果你不去主动地做出选择做出决定，那么你只能沦落到被动地靠别人来主宰你的生活的地步。

虽然都经历过学生时代，但在Research公司工作的小张总是无法理解现在的大学生。虽然大部分在公司兼职的大学生都很诚实，也很有团队精神，但还是经常会做出一些令人无法理解、匪夷所思的行为。

小张的工作就是根据企业的要求，做一些市场调查，针对参加座谈会的对象，咨询顾客对商品的意见。顾客只要在会议室里阐述一下个人的想法，就能得到可观的报酬，因此很多人跃跃欲试。但即使报酬丰厚，有些人也会因各种原因而缺席，因此需要多招募一些人。有趣的是，缺席的往往就是女大学生。

按照惯例，在举办座谈会之前，他都要打电话给参加者加以确认。有一次，一位女大学生始终不接电话，好不容易电话打通了，但她却闪烁其辞，迅速说道：“对不起，我现在有事，等一会儿再跟您联系。”说完就挂断了电话，而且一直没有回复。座谈会即将开始前，他又再一次打电话给她，结果她却说：“其实我现在正在上课，虽然很想参加座谈会，但是……如果这堂课缺席就会……你说我该怎么办呢？”当时，小张恨不得对着电话大吼大叫：“你在上课，那你要我怎么办？”

其实，现在很多年轻的女孩在面临问题时都会先选择逃避。而对于上述情况，正确的做法应该是在最短的时间内，在兼职和上课之间做出抉择，并承担选择的后果。摇摆不定的方式只会让自己更苦恼，也会带给其他人不便。无论是从自身出发衡量，还是站在别人的角度设想，都不应该使用拖延战术，而应尽快做出抉择。很多女孩经常会犹豫不决、优柔寡断、拖延时间，这样，最终导致不好的结果。

也许社会环境给予了女人特殊的身份地位，因此在生活中总是有人替她们做决定，进而产生了依赖他人的心理。恰好这种心态，就会导致女性在犹豫不决时与幸福失之交臂。有时，她们固执地坚持某种错误的观点，但在决定幸福的关键时刻，这种固执却马上消失得无影无踪。也许她们需要时间去思考，但往往思考了老半天也无法得到结论，最后只能随波逐流。换句话说，她们总是在优柔寡断中备受煎熬，却无力解脱。在决定人生方向的岔路口，这种犹豫不决的习惯就是幸福的杀手。而比选择“回避”更可怕的杀手，就是把选择的权力推给别人。

所有的人都在走自己的路，而每走一步都无法回头，与其被别人左右，不如自己做主。也许当你把你的梦想说给别人听时，换来的只是他们的嗤之以鼻。可是我们不能因此就屈服、削平了自己的棱角唯大众思想马首是瞻、交出自己做决定的权利。放弃了自己决定自己的权利，你就等于把自己的人生蓝图交给别人去规划，你的命运将会被别人所主宰，如果那样，请仔细想想，此时的你，到底是在为谁而活？

十一　做自己生命的主角

古往今来，很多人都相信命运，而且认为，每个人的命运都是上天安排的，不可更改，更不可违背。可是，事实真的是这样吗？

对于每一个女孩来说，在人生这个大戏台上，她都是主角，都是中心，这一出戏，是成是败，只有自己说了才算，周围的任何人都是配角，都是观众，所有的决定权与选择权都在她自己的手中，唯有好好掌握了，方能唱出让众人惊艳的篇章。

有一位年轻女工在一家墨西哥餐馆里打工。她每天要从半夜做到早晨六点，可是收入却只有区区的几块钱。她并不为此感到不平甚至有一点点的抱怨，而是选择省吃俭用，努力储蓄，将每一角钱都存下来去实现她的梦想——自己开一家墨西哥小吃店，专卖墨西哥肉饼。

当她做出这个选择后，在某一天，她跑到银行向经理申请贷款，说："我想买间房子，经营墨西哥小吃，如果你肯借给我几千块钱，那么我的愿望就能够实现。"一个陌生的外地女人，没有任何的财产抵押，也没有一个担保人，就连她自己也不知道能否成功，这样的一个人却敢于向别人开借钱之口，也许你会认为她的行为简直近乎疯狂。可是经理却被她的胆识所折服，决定冒险资助，她很幸运地得到了这笔贷款。

凭着这笔贷款，年仅25岁的她就经营起自己的墨西哥肉饼店。经过15年的努力，这间小吃店最终扩展成为全美最大的墨西哥食品批发店。

这个女人就是曾经担任过美国财政部长的拉梦娜·巴努宜洛斯。

面对生活的窘困，一个女人要想将自己从这种状态中解放出来，不是一件容易的事，更别说是去创造成功的奇迹了。而拉梦娜·巴努宜洛斯却真正掌控了她自己的命运。

把握自己首先得明白把握住一个什么样的自己。人有时生活得很盲目、很浮躁，只知道这个社会竞争很激烈，需要去奋斗，去搏击，但面对光怪陆离的诱惑，往往会身不由己地随波逐流，变得“我已然不再是我”。生活把我们每个人都卷进了生存竞争的大潮，只是有些人站在浪尖上领导时代新潮流，有些人则是被潮水推着不得不走，也有的干脆逆流而上。大道多歧，哪一条是对的，全靠自己把握。有些人选对了路，有些人却终生走不出命运的“迷宫”。而生活随时随地都有可能把你推向这样或那样令人困惑、彷徨、犹豫的十字路口，要你迅速做出非此即彼的选择。这种时候，仅有热情是不够的，我们必须经常地自省、审视自己。

我们小时候都玩过陀螺，要陀螺转得快就得不停地抽打它。人也是这样，要想把握住自己，也得“狠抽”自己。其实，生活中每个人都挨过“打”，而且打得越痛记忆越深。而在许多时候，那种痛楚与苦涩是无法说出的，它不是实实在在地打在身上，而是一次又一次地让你体验到冷遇、失败和不被理解的痛苦。在这种时候，就需要有种“跌倒了算什么”的达观，打起精神，努力拼搏。

因此，一个想导演好自己人生旅程的女孩，该趁着年轻选择自己的人生方向、把握自己的命运船舵，不要把自己命运的“遥控器”交给别人，你要做自己命运的掌控者。

十二　好好爱自己

不知道有没有人看过心理治疗师素黑以及她那本历时多年的心语结集精华——《好好爱自己》。它包含着作者对大自然和人的心灵的独到感受，可谓字字珠玑，希望人们在人生路上，无论是遭遇阻碍，还是伤痛来袭，别紧张难过，要知道心的方向，由你掌控，必先好好爱自己，才能前进或转向。就像素黑所说，就等你一个决定，生命将瞬间改变。

现实生活中，有这样一种女孩：她们一旦认准了某个男人，就会全心全意地付出。为了给男人买 Armani 的西装，自己甘愿穿从地摊上淘来的廉价货；为了让男人吃上可口的饭菜，自己情愿忍受着讨人厌的油烟味，“泡”在厨房里反复锤炼厨艺；为满足男人的事业野心，情愿放弃自己喜欢的事业而做他背后那个默默无闻的女人……

雅迪就是这样的一个女孩。她家与一城家只隔了一条巷子，他们从小一起上学、一起放学、一起离开这个小城、又一起回到这里，最后，一起走入婚姻的殿堂。雅迪有时候觉得，她和一城可能本来就是一体的，她不能想象没有一城的日子。

“你爱我哪一点?”她勾着一城的脖子，撒娇地问。

“嗯……我爱你温柔、乖巧、体贴、善良、美丽……”一城明白，只要把这些美好的词汇一一罗列出来给雅迪听，即是说上三天三夜，她都不会腻。

如所有天真的女孩一样，雅迪对一城的话从不怀疑，她单纯地认为，这就是自己吸引他并和他要在一起永远过下去的所有理由和证据。

可是慢慢地，一城越来越嫌弃她，她越努力，他越不满，她越爱他，他越想要逃离。

一次争吵过后，一城平静地说："我们分手吧。"雅迪吃惊地看着他，过了很久，才忍着眼泪问："为什么？"

"因为，你的爱让我窒息。"他顿了顿，接着说，"我知道，为了我，你付出了很多，放弃了你喜欢的工作，和原来的朋友不走动了，整天就围着我转，可是，我是个独立的人，不是个孩子，不需要你这么费劲地照顾，不需要你像影子一样缠着我。"

"可是，我这么做，还不是全都为了你？"雅迪委屈地说。

"是啊，你这么做全都是为了我，那么以后，请你也为你自己考虑考虑。"一城说完就离开了，头也不回地离开了。

雅迪怎么也没有想到，她全心全意地爱着一城，她爱他甚至超过爱她自己，他竟然会这么绝情地抛弃她。她到底该怎么办……

"或许，只有死了，我才能得到解脱。"她向好友哭诉道。

好友说："何必呢？你以前错就错在太爱他，而完全忽视了你自己。你什么都为他着想，什么时候都把他摆在第一位，可是你为你自己考虑过吗？你连你自己都不当回事，连自己都不爱，又怎么能奢求别人把你当回事而且爱你呢？一城说的对，从现在开始，你还是为你自己好好考虑考虑吧。"

你有没有仔细想过，你到底是在为谁而活？这样慷慨无私的"奉献女神"换来的又是什么？别人有意无意的夸赞、爱的人绝情的背叛、找不到生活方向的迷途自己？

雅迪朋友说的对，一个不好好爱自己的人，怎么可以奢望得到别人的爱？聪明的女孩，现实点、自私点吧，没有谁会无私的把一个连自己都不在乎的女孩当做天使一样来呵护。

好好爱自己，只有这样，你才不会在纷繁复杂的大千世界里迷失自我，才会找到自己的坐标，才会活出自己的本色，也只有这样，你才有能力爱别人、爱世界，才能被人爱、被世界爱。

第二章　定位：

从“温室”到“社会”的转身

一 相信自我，信心是最好的名片

苏格拉底曾说过：“一个人能否有成就，只看他是否具有自尊心和自信心这两个条件。”

那么，到底什么才是自信呢?

自信是雄鹰凭借展翅凌霄的搏击展示出的豪气，自信是高山凭借傲视群峰的峻拔显示出的巍峨，自信是江河凭借川流不息的奔腾显示出的气魄，自信是当你面对挑战时勇往直前的勇气与精神。

诗圣杜甫告诉我们，自信是“会当凌绝顶，一览众山小”的气魄；诗仙李白告诉我们，自信是“天生我材必有用，千金散尽还复来”的豪情。只有拥有自信，你才能斩断畏惧与恐惧，迎来成功的曙光。

1951 年，英国女医生弗兰克林从自己拍摄 X 射线衍射中发现了 DNA 双螺旋结构，经过研究，她大胆地提出了假设，并以此为题做了一次很出色的演讲，然而许多人对她的发现提出质疑，怀疑她的照片真实性和假说的可靠性，在这些压力下，弗兰克林也开始怀疑自己：作为一个普通医生，提出这样高深的理论问题，或许太不自量力了吧？她动摇了。于是，她公开否认了自己提出的假说，也没有再继续研究下去，后来在 1953 年，其他科学家却证实了这个假说，不自信的弗兰克林与成功失之交臂了。

自信并不是自负，自负的人喜欢制造虚幻的自我满足，希望得到超过自己实际价值的肯定，但往往适得其反，只有有了自信，我们才有可能通向成功的彼岸。

著名音乐家小泽征尔有一次去参加一场国际音乐指挥大赛，在决赛的时候，前两名选手在指挥过程中都出现了一小段不悦耳的演奏，但都“认真”指挥过去了，还抱歉地向裁判席欠身微笑。小泽征尔是第三个，也是最后一个登上指挥台的。演奏十分顺利地进行着，跟前两位一样，他忽然看到乐谱上有一小段不和谐的音符。他试着指挥，但终于停下来，问裁判席上的人是否弄错了，裁判冷眼相待：“请继续演奏，这是最权威的乐谱！”小泽征尔又试着指挥，但终于又停了下来，说是乐谱搞错了，裁判警告他不可傲视权威，他却坚定地喊道：“不！这一定是弄错了！”这时，裁判都站起来，热烈地鼓掌，恭喜小泽征尔获得了大奖。

前两位指挥家难道没有发现错误吗？不，他们都发现了，只是，在所谓的“权威”面前，他们低头了，成功只垂青于小泽征尔这样有自信的人。

刚刚一脚踏进社会的女孩，朝气蓬勃，像是正在不断向上爬伸的植物，她们刚刚步入人生奇妙而又险境丛生的征途，而这种只属于自己的自信心，则是促使她们不断向前的动力。

别把初出茅庐的青涩当成不敢面对现实的幌子，亮出你的自信，秀出你的风采，因为那是任何人都“山寨”不了的风景，是只属于你的独一无二的风景。相信自己，力量就在心中。只有自己肯定自己，相信自己，才能不被别人轻视，才能登上生命的最高峰、俯视群峰、体会“会当凌绝顶，一览众山小”的感觉。

二 君子一言 驷马难追

古语有云：“言出行，行必果”、“君子一言，驷马难追”，这些话都是在告诉我们，做人，要讲诚信。其实，诚信二字联系在一起，表达的是两种境界的统一。一种是诚的境界，另一种是信的境界。这两种境界既有区别，又有联系。首先，诚是根基，信是枝叶，诚与信互为涵养，诚中有信，信中有诚。诚，就是诚实，不自欺。信就是讲信誉，信守承诺，不欺人。一个人要想做到不欺人，首先必须不自欺。只有忠于自己的本质，做到言行一致、表里如一，才能使自己的言行具有稳定性和一致性，才能最终获取他人的信任。

你有没有听过一诺千金的故事？

西汉初年有一个叫季布的人，他特别讲信义。只要是他答应过的事，无论有多么困难，他一定要想方设法办到。当时还流传着一句谚语："得黄金百，不如得季布一诺（得到一百两黄金，也不如得到季布的一个承诺)"。

后来，刘邦打败项羽当上了皇帝，开始搜捕项羽的部下。季布曾经是项羽的得力干将，所以刘邦下令，只要谁能将季布送到官府，就赏赐他一千两黄金。但是，季布重信义，深得人心。人们宁愿冒着被诛灭三族的危险为他提供藏身之所，也不愿意为赏赐的一千两黄金而出卖他。

有个姓周的人得到了这个消息，秘密地将季布送到鲁地一户姓朱的人家。朱家很欣赏季布对朋友的信义，尽力将季布保护起来。不仅如此，他还专程到洛阳去找汝阴侯夏侯婴，请他解救季布。夏侯婴从小与刘邦很亲近，后来为刘邦建立汉王朝立下了汉马功劳。他也很欣赏季布的信义，在刘邦面前为季布说情，终于使刘邦赦免了季布。不久刘邦还任命他做了河东太守。

后来人们就用"一诺千金"来形容一个人很讲信用，说话算数。

诚信，自古以来就是中华民族的传统美德。古往今来，有多少人为我们树立起诚信的榜样。可如今，诚信这朵奇葩却随着时间的流逝渐渐凋零，枯萎，被人们遗忘，丢弃。不守诚信之风逐渐开始蔓延。

对于一个女孩子来说，一生有七大追求目标，美丽、金钱、诚信、荣誉、权力、健康和地位。但是我们可以失去美丽而粗陋，可以失去金钱而清贫，可以失去荣誉、权力和地位而平凡，却千万不能失去诚信而欺诈。

如果想拥有良好的人缘，首先就要获得他人的信任，而“诚信”是让他人相信你的一个基本条件。“诚信”不仅是衡量一个人人格和品质的尺度，更是一条交友的准则。富兰克林曾说过，失足，你能马上站起来，失信，你也许永难挽回。

很多女孩子平时不太在意诚信这个问题，经常失信于他人，觉得失约一两次，忘记兑现几回承诺没什么关系，反正也不是什么要紧事。可是你要知道，即使对方碍于情面不好意思指责你，其实他心里也会是很不满的。天长日久，他将不再相信你。对朋友的承诺不仅一定要兑现，还要明白，树立自己的信誉是一个旷日持久的过程。

信守承诺是一种美德，是一种无形的力量，是一笔无形的财富，是人与人之间交往的基本准则。它会吸引周围的人跟随我们，并对我们信任有加。所以，千万不能因小失大，要让自己说过的话“落地生根”，开出硕果累累的美德之花。

三　珍惜时间，别让年华虚度

有一个老太婆，去世后来到天堂，因为生前做过许多好事，上帝决定满足她一个愿望，于是对她说：“除了时间，因为它一旦逝去，连我也没办法把它找回来。你可以要任何你想要的东西。”老太婆泪流满面地说：“可是我最想要的就是时间呀！”

都说时间是匆匆的，在我们的手上匆匆走过，在我们的脚下匆匆离开；都说时间是冷漠的，总是一如既往地不尽人意，不舍下半点人情。那么无奈的我们又能做些什么呢，在叹息，在哀求，在哭泣？

年轻的女孩们总是爱幻想明天，怀念昨天，可对于今天而言，就是莫不关心，任其飞逝。数小时前，它是昨天的明天，令人向往；数小时后，它又是明天的昨天，使人怀念，那么，今天是什么？

既然懂得怀念，懂得向往，那为什么不懂得珍惜呢？或许在多年以后，在我们已是苍颜白发的老人时，我们将会为自己人生记忆中那空白的一页而独怆涕下。

时间是无始无终的，但是每个人的生命却有限，属于一个人的时间也是有限的。如果一个人的生命走到了尽头，那么他所拥有的时间也即将宣告结束。

很多女孩子根本不知道好好珍惜时间，她们有的抱怨时间太慢，整天无所事事，得过且过。有的感慨时间的稍纵即逝，却不付诸行动去把握时间。要知道，时间是公正的，它回报勤劳者以硕果，回抱懒惰者只有“香如故”的坦然。

时间老人给每个女孩的时间都是一样的，而每个女孩安排时间的方法却截然不同。时间就像布袋子里的水，是存不住的，不知不觉就漏光了。正确安排时间的人必将生活得充实幸福，浪费时间的人则会碌碌无为、后悔莫及。

要学会管理和珍惜自己的时间，不要让时间漏掉。二十几岁女孩更应该善于投资运用自己的“时间存款”，让它变成流动产，以换取最大的健康、快乐与成功。

告诉你几个“时间管理”的方法

一、设立明确的目标

成功等于目标，时间管理的目的是让你在最短时间内实现更多你想要实现的目标；你必须把今年度 4 到 10 个目标写出来，找出一个核心目标，并依次排列重要性，然后依照你的目标设定一些详细的计划，你的关键就是依照计划进行。

二、你要列一张总清单，把今年所要做的每一件事情都列出来，并进行目标切割

1. 年度目标切割成季度目标，列出清单，每一季度要做哪一些事情；

2. 季度目标切割成月目标，并在每月初重新再列一遍，碰到有突发事件而更改目标的情形便及时调整过来；

3. 每一个星期天，把下周要完成的每件事列出来；

4. 每天晚上把第二天要做的事情列出来。

三、20∶80 定律

用你 80% 的时间来做 20% 最重要的事情，因此你一定要了解，对你来说，哪些事情是最重要的，是最有生产力的。

谈到时间管理，有所谓紧急的事情、重要的事情，然而到底应做哪些事情？

当然第一个要做的一定是紧急又重要的事情，通常这些都是一些突发困扰，一些迫不及待要解决的问题。当你天天处理这些事情时，表示你时间管理并不理想。成功者花最多时间在做最重要但不紧急的事情，这些都是所谓的高生产力的事情。然而一般人都是做紧急但不重要的事。你必须学会如何把重要的事情变得很紧急，这时你就会立刻开始做高生产力的事情了。

四、每天至少要有半小时到 1 小时的不被干扰时间

假如你能有一个小时完全不受任何人干扰，自己关在自己的房间里面，思考一些事情，或是做一些你认为最重要的事情，这一个小时可以抵过你一天的工作效率，甚至有时候这一小时比你三天工作的效率还要高。

五、要和你的价值观相吻合，不可以互相矛盾

你一定要确立你个人的价值观，假如价值观不明确，你就很难知道什么对你最重要，当你价值观不明确，时间分配一定不好。时间管理的重点不在管理时间，而在于如何分配时间。你永远没有时间做每件事，但你永远有时间做对你来说最重要的事。

六、每一分钟每一秒做最有效率的事情

你必须思考一下要做好一份工作，到底哪几件事情是对你最有效率的，列下来，分配时间把它做好。（始终直瞄靶心——绩效 < = > 晋升）

七、同一类的事情最好一次把它做完

假如你在做纸上作业，那段时间都做纸上作业；假如你是在思考，用一段时间只做思考；如果打电话，最好把电话累积到某一时间一次把它打完。当你重复做一件事情时，你会熟能生巧，效率一定会提高。

八、做好“时间日志”

你花了多少时间在哪些事情，把它详细地记录下来，每天从刷牙开始，洗澡，早上穿衣的时间，早上搭车的时间，早上出去拜访客户的时间，把每天花的时间一一记录下来，做了哪些事，你会发现浪费了哪些时间。当你找到浪费时间的根源，你才有办法改变。

九、时间大于金钱，用你的金钱去换取别人的成功经验，一定要跟顶尖人士学习

千万要仔细选择你所接触的对象，因为这会节省你很多时间，假设与一个成功者在一起，他花了四十年时间成功，你跟十个这样的人一起，你就等于浓缩了四百年的经验。

四　把握自我，防止诱惑趁虚而入

诱惑，是存在于世上一种奇怪的东西，你会为之疯狂而不能自已，而它之所以存在，是因为人的一生不断地被欲念刺激，所以被诱惑折磨一生。金钱是诱惑，美酒是诱惑，权利是诱惑，地位是诱惑，执著追求自我是诱惑，对知识过度贪求也是诱惑。

年轻的女孩子刚刚从象牙塔中走出来，步人纷繁复杂的社会，也许还没有适应社会角色的变化，更别说抵挡来自各界的诱惑了。当我们面对一种诱惑的时候，第一个要想到的是如果你接受了是否伤害到了其他人的利益，是否失去了某人对你的期望，是否丢弃了某人对你的托付。如果有，你就要绝对地坚持拒绝诱惑，这也是人们常常说到的做人、做事的原则。

不管做什么事，只要在没有越出原则的界限，你可以随心所欲，无所顾忌，一旦事情与原则相冲突，你就要学会果断，坚决地拒绝。

如果不善于自制，不善于调节和控制自己的行为，不能抑制某些冲动和激情，就不能有效地控制和把握自己。一个开始就决心不求上进的女孩是没有的。可以说，绝大多数人都有过强烈的上进心和进取欲望。问题在于，相当一部分经不住各种诱惑，在进取中纷纷落伍了：有的是不能抵御不良诱惑而误入歧途；有的是不能抑制低级欲望的冲动而渐趋堕落；有的是在狂怒中失去理智，不能有效地控制自己的行为同心协力致过火的行为从而犯罪。确实，生活中不少错事、蠢事，部分是在感情冲动、失去自制力的情况下产生的。

那么，究竟应该怎样培养和提高自制能力呢？

（1）明确人生目标

明确了一生朝哪个方向走，决心成为一个什么样的人，就能够控制自己，使言行服从和服务于自己的人生目标，而排斥同目标相对立的各种诱惑，一个意志顽强的人，应当不为这种表面的、暂时的利益所诱惑，而应该经常牢记自己的根本利益和长远目标，这样，就会获得一种控制自己的动力——自制力。

（2）坚持执行计划

培养自制力，还必须始终不渝地坚持完成既定的计划安排，当然，为保证计划的可行性，在做出决定时要三思而后行。但一旦在深思熟虑的基础上做出计划，就要坚定不移地付诸实施，不能轻易改变和放弃。如果半途而废，就会严重地削弱自制力。

（3）决不迁就自己

一旦意识到某件事或行为是不对的，不管它是多么强烈地诱惑我们，对我们有多大的吸引力，都要坚决克制，决不做半点让步和迁就。培养自制力，要有毫不含糊的坚定信念和顽强的意志。

（4）从小事做起

人的自制力是在学习、工作、生活中的千千万万件小事中培养和锻炼起来的。对做任何小事，注意训练意志力，会使人变得更加坚强。

(5) 经常反省

所谓反省，就是自我检查和审视，甚至是自我惩罚。如当你在困难面前想退却时，不妨马上责备自己的懦弱和没勇气。这样往往能够唤起被屈辱的自尊心，从而战胜怯懦，成功地控制自己。

五 时常微笑，别让抱怨毁了你

二十几岁，是一个女孩子一生中最美丽的年华，这个时候，一切都才刚刚开始，一切都还是未知数，她楚楚动人，她美丽善良，有点小单纯，有点孩子气，静如处子，动如脱兔，有时候会在人群里横冲直撞完全置世人的眼光于不顾，有时候会在不小心出糗时瞬间羞红了桃花脸。然而，美好的东西总是不会单独存在的，随着生活轨道的渐渐正式化，随着生活压力的增加，二十几岁的女孩开始恋爱，开始工作，开始面对传说中尔虞我诈的职业生活。不知不觉的，抱怨、唠叨、自怜便融入生活，几乎成了有些女孩每天的“必修课”。

对于她们来说，几乎没有什么不能是她们的抱怨对象。喜欢躲在喋喋不休的抱怨后面，从中获得一种自我膨胀的优越感。威尔·鲍温在《不抱怨的世界》一书中不留情面地指出，“我们抱怨，是为了获取同情心和注意力，以及避免去做我们不敢做的事。”

一位热线电话咨询员曾遇到过这样一件事：

一天下午，一位陌生女孩打电话来说：“我恨透我的领导了！”

“你打错电话了”咨询员告诉她，对方好像没有听见，继续滔滔不绝地说下去：“我一天到晚忙得要死，天天加班加到10点，他居然说我没有事业心！明明是我们几个人好不容易才做出来的企划，功劳却是他一个人的！家里孩子生病了，偶尔迟到一次还被他骂个狗血淋头。”

“对不起，”咨询员打断对方的话，“我不认识你，”“你当然不认识我，”她说，“现在我说出来了，舒服多了，谢谢你。”对方挂断了电话。

不良的情绪就像是垃圾，放在人体内时间久了，肯定会变味，会憋出病来。适当的宣泄等于是给情绪排毒，很多女孩就是因为“排毒”的方式不够得当而变成了人人躲避不及的怨妇。

其实，生活中，有不良情绪是再正常不过的事，但是我们要学会如何去释放它们，不能让自己陷入一种消极的颓败的情绪中无法自拔，让自己的美丽在抱怨声中香消玉损。

许多时候，我们并非意识不到这一点，但就是不愿意直面，并且积极做出改变，有时候，随着心理的惯性，也不知道如何改变。不过，改变不如意的现状，也是人类的本性，抱怨带来的消极作用，人们意识到了之后，还是会有改变的欲望自然升起。当改变之光随着情绪上的抵触被带进了生活，就由“有意识的无能”踏入了“有意识的有能”。

放下抱怨吧，这并不等于我们在困境面前不作为，或者放弃对社会不公正的言说权。带有负面情绪的抱怨，恰恰才是不具建设性的消极。“不抱怨”只是一把钥匙而已。在我们忙忙碌碌的生活中，借助这把钥匙，我们会自然延伸和深入到生活的诸多层面，唤醒我们渴望已久的改变。

六　放飞心情，不要陷在情绪的泥沼里

我们先来看一组数据：

全世界抑郁症患者2.5亿人。

中国抑郁症患者2600万。

抑郁症终生患病率约15%。

抑郁症患病率女性较男性高2倍。

因抑郁症的各种消耗，全世界每年损失2%～5%的产值。

全球处方量最多的10种药品中，抗抑郁药占了3种。

日常生活中，我们经常会听到抑郁、郁闷、忧郁等字眼。但是，事实上我们对抑郁还是有不少的误区，我们平时所谓的抑郁可能是一种心理状态，也可能是一种性格定位，或者是一种心理反应。但是，抑郁其实还包括一种神经症，它包含抑郁症和焦虑症在内，属于广义上的精神病范畴，但不等同于精神分裂症，而是一种精神障碍。如果经过良好的调节和治疗，是可以恢复的。

每个女人在一生中都会经历各种各样、大大小小的悲伤和绝望，所以相比男性，更容易患抑郁症，这主要与社会环境因素、自身的心理、生理特点有着密切的关系。女性一生当中经历的月经、怀孕、分娩、绝经期等重要的人生事件，都会影响到女性情绪，比如月经前会出现经前综合征、分娩后易出现产后抑郁等等。女性心思细腻、敏感、追求完美，面对同样的生活事件的打击，女性较男性的应对能力、承受能力都要差一些，另外，职业女性承担更多的压力，作为角色来说，女性既有工作角色，又有家庭角色，两种角色要兼顾，特别是要做出一些成绩时，往往要付出更多的艰辛，承受更多的压力，总体上来说女性的精神压力比男性大。

这些压力就摆在那里，逃也逃不掉，躲也躲不开。可能一不小心就成了从心态上的感觉变成了摆脱不掉的梦魇。

所以说，对于这些我们自身要有所察觉，要认识到可能会遇到这些心理问题，有意识地保护自己，同时加强自我调节。

那么要如何做到自我调节呢？

（1）停止自责

忧郁症是一种疾病，你并没有创造它或选择它。

（2）试着不要感到气馁

恢复正常需要一段时间，在这些日子里尽量不断地告诉自己：你一定会好起来。

（3）简化生活

设定可行的目标跟合理的计划表，在做得太少与太多之间取得平衡。如果太快做太多事，你可能会觉得被击垮且变得沮丧。

（4）多参与活动

参与让你感觉较好或是有成就感的活动，就算刚开始只是出席而没有真正参与，那也是朝着正确方向迈进了一步。“群居”能有效带走你的孤独感。

（5）认可自己，喜欢自己。哪怕是一点点的进步，都要对自己表示赞美。

（6）不妨把自己的感受写出来，然后分析、认识它，哪些是消极的，属于抑郁症的表现，然后想办法摆脱它。

七 做个内外兼修的气质女孩

俗话说“百病皆可治，俗气没药医”。其实也不然，“腹有诗书气自华”。一个女人想要不俗，完全可以借助文化素养来突破和完善自己，让自己在美的层次上升级。

真正的美丽是外在美和内在美的完美结合。当然，没有人能够否认漂亮脸蛋和魔鬼身材的美丽和性感，但是如果不能兼具气质、内涵和头脑，我们仍会感到缺憾和不足。所以，如果你想使自己成为与众不同的美女，除了让自己拥有美好的容貌和气质外，还要积极、努力地学习掌握各行各业的知识，增加自己的知识储量。

以扮演《大长今》中的长今而走红的女演员李英爱，就是一位喜爱读书、总是透着淡淡书香的清新淡雅的美丽女子。略施朱粉的姣美容貌加上后天学到的满腹学识，使李英爱具备了一种从容自若、沉默内敛的成熟个性。

李英爱在成为娱乐界的当红女星之后，仍然保持着读书的习惯。即使在拍戏的过程中，只要有一点儿闲暇时间，她就躲到一个无人的角落，把随身携带的书拿出来，静静地读。她那入神的纤纤背影，让看到她的人都不忍心打扰她。

我们所处的时代，是一个信息时代，一切都在飞速地发展着。倘若一个女人在这信息时代中不读书，不学习，脑子中只保留那仅有的一点小聪明，我想，即使这个女人天资再怎么聪明，很快地她也会被社会所淘汰。

终生学习是信息时代的要求，想取得成功的女性不一定各方面都做到最好，却要明白这样一个道理，不选择时刻充实自己的人，即使她当时的光芒十分闪耀，但终有暗淡下去的一天，相反，那些把学习作为自己终身事业的女人，却能时刻保持进取精神，以发挥自己的潜能，提升自我。

优秀的女人，不会以家庭为自己生活的中心，她不会整天围着老公、孩子转而没有自我的空间，她会抽出时间去郊外游览，在大自然中吸取灵气，她还会给自己的心灵开辟一个独立的空间，来卸下生活的沉重和疲惫。优秀的女人也不会把事业当成生命的全部，她们会把工作当成乐趣，会在闲暇之余，给自己充电，让自己永远保持着成熟和豁达。

喜欢读书的女人内心是一幅内涵丰富的画，书一本一本被女人读下肚的时候，书中的内容便化成了营养从身体里面滋润着女人，由此女人的面貌开始焕发出迷人的光彩，这种光彩经得起时间的冲刷，经得起岁月的腐蚀，更加经得起人们一次次地细读。读书能补天然之不足，甚至可以帮助你消除心理上的一切障碍，这就如同通过适当的运动可以治疗身体上的某些疾患一样。进一步可知，爱阅读的女人，是美丽的女人。爱读书的女人，较少持续地沉沦悲苦，因为她们晓得天外有天，乾坤很大。

女人有十分美丽，但如果远离书籍，将失掉七分内蕴。

女孩要想让自己变得美丽女人，变得有气质，就千万不能让自己“断电”，应该去图书馆美容，因为这是世界上第一流的美容院。书籍是最佳的美容品，是女人永不过时的生命保鲜剂。

八　收敛锋芒，如花儿般悄然绽放

你有没有见过昙花，那是一种只在夜间盛开的花朵。开放的时间只有几个小时，但是盛开的那一刹那，却会展现绝世的美丽。那一瞬的风华，会深深地打动每一位有幸观看到这一画面的人。

其实为人处世也是一样。你是愿意做株带刺的玫瑰，时时展现着光鲜靓丽的外表，然后被人从枝头剪下成为花瓶中的装饰？还是愿意做株昙花，慢慢的积蓄着力量，在幽静的暗夜盛开，带来满室的幽香？

我们常常会说“低调做人，高调做事”，何为低调？所谓低调，从某种意义上来讲，其实就是谦卑。谦卑是一种智慧，是为人处世的黄金法则，懂得谦卑的人，必将得到人们的尊重。

要在低调中修炼自己。低调做人，无论在官场、商场还是政治军事斗争中都是一种进可攻、退可守，看似平淡，实则高深的处世谋略。

人们常常也会说“大智若愚”，这其实也是谦卑低调做事的一种方式，“大智若愚”，重在一个“若”字，“若”设计了巨大的假象与骗局，掩饰了真实的野心、权欲、才华、声望、感情。这种甘为愚钝、甘当弱者的低调做人术，实际上是精于算计的隐蔽，它鼓励人们不求争先、不露真相，让自己明明白白过一生。

小薇是公司新来的同事，刚刚毕业于某名牌大学，年轻、漂亮，而且做事认真负责，可谓是公司一道亮丽的风景线。可是渐渐地，公司的同事却越来越疏远她，越来越排挤她，这令她很伤心很难过，她不知道自己到底哪里做错了。怕因为自己是新人，大家嫌她只是个摆设，她一直都在不断地努力。可是，她一点儿也没想到自己的努力会换来的是这样一个结果。

陷入孤立无援境地的小薇终于身心疲惫了，她准备辞职离开这个风口浪尖。这天，她带着辞职信去找老板，可是经过卫生间门口的时候却隐隐约约好像听到了自己的名字，出于好奇心，她走过去准备探个究竟。

“刚开始还觉得小薇人挺好的，可是怎么那样儿啊？生怕别人不知道她是名牌大学毕业的，什么事都往上冲。再说了，名牌大学有什么了不起啊，不就比咱们多一个牌子吗？”

“就是，年轻人，太爱出风头了。”

“一点儿都不知道谦虚，肯定会碰壁的，到时候碰一鼻子的灰，我看她呀，不碰灰肯定是不会知道自己在哪儿吃的亏了。”

……

这时，站在卫生间外面的小薇，终于算是明白了，原来不是自己技不如人，而是她为人处世策略上的失误。她慢慢地捏紧了那封辞职信，带着微笑重新回到了自己的办公室。

她相信，她还没在这个公司里跌倒。

“道有道法，行有行规”，做人也不例外，用平和的心态去对待人和事，也是符合客观要求的，因为低调做人才是跨进成功之门的钥匙。

毛羽不丰时，要懂得让步。低调做人，往往是赢取对手的资助、最后不断走向强盛、伸展势力再反过来使对手屈服的一条有用的妙计。

而高调做事是一种责任，一种气魄，一种精益求精的风格，一种执著追求的精神。所做的哪怕是细小的事、单调的事，也要代表自己的最高水平，体现自己的最好风格，并在做事中提高素质与能力。

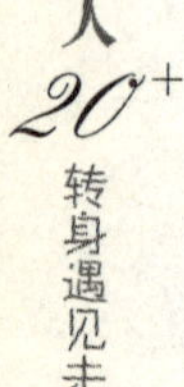

做人不要恃才傲物，当你取得成绩时，你要感谢他人、与人分享、为人谦卑，这正好让他人吃下了一颗定心丸。如果你习惯了恃才傲物，看不起别人，那么总有一天你会独吞苦果！

年轻的女孩儿们往往脑子里都是天真烂漫的幻想，都是不切实际的理想主义，直来直往，横冲直撞，这往往是造成她们人生道路上第一次碰灰的因素。所以，别把自己太当回事，因为把自己太当回事了，就容易产生自满心里，这是职场乃至人生的一大忌。

要学会圆滑，这是为人处世之道。做人要通达，要圆滑，不要太锋芒毕露，难道你想让小薇的事例在你身上重演吗？

高调做事，低调做人。要懂得容他人之过，懂得谦逊。只有你学会了如何做社会人，你的能力才不会被流言所扼杀，你心中的高目标才会得以实现。

九　面对压力，做做减法

小芳在一家外企上班，近万元的高工资成了周围朋友羡慕近乎嫉妒的对象。可是她却不以为然。“人活着太累”、“做人难，做事更难。”这是她经常挂在嘴边的话。没错，她心地善良，满腔热血，可是棱角却已显露出了锋芒。在这家外人都露出艳羡目光的高薪单位，刚开始时，她雄心勃勃，想做出一番惊天动地的事业，可是工作单位的人际关系太过复杂，工作没多久她便成了一些人攻击的对象。对此，她说：“我真不知道以后要如何生活。”“压力太大了，时间长了，我真会被逼疯的！”

压力无处不在而又不可避免，有的人被压力击垮从此一蹶不振，而有的人，生活却过得更有意义，更有色彩。这其中的奥妙就在于，前者是消极地面对压力，而后者对压力进行有效的运用。压力，就如同一把刀，它可以为我们所用，也可以把我们割伤，其实，到底要如何使用这把刀，那就要看你握住的是刀刃还是刀柄了。

女人来到了这个世界，都想要活得洒脱，从容，舒展。但是生活的天平，常常会发生倾斜，把人压得喘不过气来。每个人在生活中都会有过类似的遭遇：在日常生活和工作中，当感情、环境、个性以致兴趣、爱好等严重受到外界限制时，在一个特定的条件下，遇到意想不到的压力，由于女性格外敏感，身体也比较柔弱，所以女性也特别容易被压力击垮。

一位在某工厂工作的年轻女孩，因为工作与所学专业不对口，只恨自己“英雄没有用武之地”。多次想调动一下工作，可是最终未能如愿。几经周折后，她陷入了深深的痛苦。她说：“从来没有觉得压力这么大过，觉得前途好渺茫。”

压力，既是客观的，又是主观的。对于年轻女孩来说，心理承受能力往往都比较小，在遇到困难时，做不到自我控制、有条不紊。这样久而久之，心理所承受的压力在她们的潜意识里就会翻倍。谁都不想“人未老，而心先衰”。所以，刚走出温室的你，不妨用下面这些小建议给你的生活做道减法吧！

1. 别为小事抓狂：我们经常为一些小事抓狂，其实仔细想一想：这些都不是真的什么大不了的事，我们只是专注在一些小问题上，把问题过度放大了，浪费宝贵的力气为小事抓狂，当然就无故凭添了许多压力。

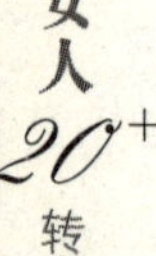

2. 不要死盯着细节不放：越是全神贯注在令你心烦的细节上，你就觉得越糟糕，思绪一个接着一个，直到你变得焦虑到不可思议的地步。需实时打住，防患未然，并且要察觉自己的情绪，不要被情绪低潮所愚弄，完全以负面来看待周围的人或事物，如此一来，小小的压力，可能瞬间就变成巨大的压力。

3. 学会放松：当你感到生气时，长长深深地吸一口气，然后在吐气时放松全身重复几次，气也全消了，这个方法能帮助我们把大事化小，减轻压力。

十　别让自己的心变成无底洞

小南跟许多白领一样，平时工作非常忙碌，每个月的收入主要用来交房子的月供，养车。虽然忙碌，但是她一直觉得自己过得挺充实的。

小南出生在湖北的一个山区，从小家庭生活贫困，连高中都是靠自己在假期打工和亲戚的资助才得以读完，读大学的时候更是同时兼了三份勤工俭学的工作。不过大学毕业之后，她找到了一份不错的工作，而且仅仅过了两年，就完全凭自己的努力买了一套小房子，前不久，交了首期五万元贷款又买了一辆车，上下班再也不用挤公交车，节假日还可开着车外出兜风游玩，惬意极了。

本来，对于一个出身贫寒的女孩子来说，这样的生活足可以让自己满足了。但是最近小南的几个大学同学聚会，让小南感到意外的是，这几个朋友不知怎么这么幸运，居然收入都比她高。她的同室铁杆好友小瑶，嫁了个地产商，钱多得用不完。了解到她们的情况后，小南心里感到很失落。看自己的工作，也觉得越来越不如意了。她认为自己干得活多，拿得钱少。有些老员工水平实在是很差，但是他们的薪水都比她还高。以前她还没意识到这个问题呢，她觉得在公司里的待遇并不是她原来想像的那样好。现在她是吃饭不香，工作没劲，睡不着觉，她感觉自己的生活越来越没意思了。

其实，小南的困惑就来自于她跟同学的比较，导致目标迷乱，失去自我。

知足常乐的道理人人都懂得，但真正能付诸实践的却不多。许多人不可谓不聪明，但却由于不知足，贪心过重，为外物所役使，终日奔波于名利场中，每日抑郁沉闷，不知人生之乐。关于这一点，英国心理学家奥利弗·詹姆斯在对7个国家的大城市数万人进行调查时发现：那些过分看重物质利益的“工作狂”多半会染上“富贵病毒”，很容易造成精神压抑、焦虑，甚至导致病态人格。

一个明智的人不要盲目和别人比较，要和自己比较，和自己的昨天比较。世上炫目的东西实在是太多太多，要知足常乐，而不是贪得无厌，得陇望蜀。做人应该懂得知足，但是，这里的知足并不等同于满足。知足，可以自我慰藉、平衡心态；可以减轻压力、放松心情；可以调整思绪、从头再来。知足，是带着一颗平常心，怀着一种感恩的心去面对现在所拥有的一切；知足是有所不为；知足是一个人之所以快乐的源泉。

容易知足的人，比别人都过得快乐，那么什么是知足的心带给我们的快乐呢？就是看淡尘世的物欲、烦恼，不慕荣利。假如你喜欢武侠小说，你没有必要觉得不看红楼梦就不够高雅；假如你喜欢的人突然宣布与你分手，你没有必要寻死觅活。一定洒脱地离去该放手时便放手；假如你觉得自己的生活处处不能令你满意，你也没有必要怨天尤人，而是应该继续为改变做出努力。

懂得知足，是一个女人快乐的源泉。当你把自己的心态放平，既不为比别人少而愁苦，也不为比别人多而自满，你就能活得超然洒脱。老子说："祸莫大于不知足，咎莫大于欲得。"每个二十几岁的女孩都应该有一个比较切合自己实际的自我期望值，当你达到了，你就必须学会知足，如果你认为这还不是你的最终能力展现，那你就可以不满足于当前的成绩，继续拼搏。

我们在追求物质享受、财富利益、荣誉功利等方面，更要懂得知足，如果任凭贪欲过度膨胀，就会让自己的心变成"无底洞"，有了还想要更多，总有一天会因贪婪丧失心智。

十一　学会宽容，退一步海阔天空

有一次，几个男人一起去一个朋友家看球。

男人看球，总离不开香烟。直到球赛结束，才发现不知不觉中，他们已经抽了三盒烟。朋友的妻子也一直在旁边陪着他们。但是，她竟然什么也没说。只是在男人们不注意的时候，打开窗子，让新鲜的空气进来。他们都觉得很奇怪，一个人问她："你怎么就不管管他和我们这么抽烟？"

朋友的妻子微微一笑，说："我也知道抽烟有害身体健康，但是，如果抽烟能让他快乐，我为什么要阻止？我情愿让我的丈夫能快快乐乐地活到60岁，而不愿意他勉勉强强地活到80岁。毕竟，一个人的快乐不是任何时候或者金钱可以换来的。”

而他们再看到这个朋友的时候，他已经戒烟了。问为什么，他憨笑着说：她能为我的快乐着想，我也不能让自己提前20年离开她呀。

伟大的法国作家雨果曾经说过：宽容就像清凉的甘露，浇灌了干涸的心灵；宽容就像温暖的壁炉，温暖了冰冷麻木的心；宽容就像不熄的火把，点燃了冰山下将要熄灭的火种；宽容就像一支魔笛，把沉睡在黑暗中的人叫醒。

宽容的女人是美丽的。懂得宽容的女人，也才能得到别人的尊重，女人不是因为漂亮而耀眼，而是因为美丽而动人。漂亮是与生俱来的，天生的，但美丽就不同了，她是靠后天的修养所得的一种独特的气质和涵养，这宽容就是一种高素质的修养。

宽容，是一种沟通，一种美德。

宽容别人，就是给自己心中留下空间，以便回旋。特别是对于伤害过你的人、正在与你为敌的人，要学着用对待朋友的心态去对待他们。因为你的宽容不仅可以帮助他们找回自我，还可以化干戈为玉帛，何乐而不为呢？

卡耐基说：“要真正憎恶别人的简单方法只有一个，即发挥对方的长处。”憎恶对方，恨不得食肉寝皮敲骨吸髓，结果只能使自己焦头烂额，心力尽瘁。卡耐基说的“憎恶”是另一种形式的“宽容”，憎恶别人不是咬牙切齿挤兑对手，而是吸取对方的长处化为自己强身壮体的钙质。

深邃的天空容忍了雷电风暴一时的肆虐，才有风和日丽；辽阔的大海容纳了惊涛骇浪一时的猖獗，才有浩淼无垠；苍莽的森林忍耐了弱肉强食一时的规律，才有郁郁葱葱；泰山不辞抔土，方能成其高；江河不择细流，方能成其大。宽容是壁立千仞的泰山，是容纳百川的江河湖海。

林肯总统对政敌素以宽容著称，后来终于引起一议员的不满，议员说：“你不应该试图和那些人交朋友，而应该消灭他们。”林肯微笑着回答：“当他们变成我的朋友，难道我不正是在消灭我的敌人吗？”

林肯的话，可谓是一语中的。因为多一份宽容，公开的对手或许就是我们潜在的朋友。

宽容，是和别人交往时必不可少的润滑剂。它和诚实、勤奋、乐观等价值指标一样，是衡量一个女孩气质涵养、道德水准的尺度。

在人生的路上，每个女孩都会遇到这样或那样的痛苦和伤害，有些人，他们常常在一些场合粗暴无礼，无端挑剔，明明是自己错了，却要倒打一耙，推卸责任，诿过于人。遇到这样的人时，不要“以牙还牙，针锋相对”，而应首先持以冷静和理智，让“沟通”得以继续。如果能做到宽以待人，任何不愉快的事情都将迎刃而解。

别总是把别人的过错和自己的失败收藏在心里，时间一久，必定会使你的心灵甚至生活灰暗起来，而这种心灵的重负终将把你压垮。要像爱你的朋友那样去爱你的对手，去爱伤害过你的人，退让有时就是进步的根本，并不代表无能，却恰恰是一个人卓识、心胸和人格力量的体现。

十二　懂得感恩，让生活充满阳光

英国作家萨克雷说：“生活就是一面镜子，你笑，它也笑；你哭，它也哭。”你感恩生活，生活将赐予你灿烂的阳光；你不感恩，只知一味地怨天尤人，最终可能一无所有！成功时，感恩的理由固然能找到许多；失败时，不感恩的借口却只需一个。殊不知，失败或不幸时更应该感恩生活。

感恩是一种处世哲学，是生活中的大智能。人生在世，不可能一帆风顺，种种失败、无奈都需要我们勇敢地面对、旷达地处理。这时，是一味埋怨生活，从此变得消沉、萎靡不振？还是对生活满怀感恩，跌倒了再爬起来？

一个生活贫困的男孩为了积攒学费，挨家挨户地推销商品。他的推销进行得很不顺利，傍晚时他疲惫万分，饥饿难耐，绝望地想放弃一切。走投无路的他敲开一扇门，希望主人能给他一杯水。开门的是一位美丽的年轻女子，她笑着递给了他一杯浓浓的热牛奶。男孩和着眼泪把它喝了下去，从此对人生重新鼓起了勇气。许多年后，他成了一位著名的外科大夫。

一天，一位病情严重的妇女被转到了那位著名的外科大夫所在的医院。大夫顺利地为妇女做完手术，救了她的命。无意中，大夫发现那位妇女正是多年前在他饥寒交迫时给过他那杯热牛奶的年轻女子！他决定悄悄地为她做点什么。

一直为昂贵的手术费发愁的那位妇女硬着头皮办理出院手续时，在手术费用单上看到的是这样七个字：手术费：一杯牛奶。那位昔日的美丽的年轻女子没有看懂那几个字，她早已不再记得那个男孩和那杯热牛奶。

然而，这又有什么关系呢？

感恩是一种宽容、满足、健康的心态。感恩是一种对他人付出的理解、认可和珍惜。只有认识到他人劳动与付出的价值与意见，才能够学会感恩。感恩来自于对人对事的宽容和理解，来自于一种回报他人的良好心态。情商高的女人总是能时时刻刻怀揣一颗感恩之心前行，也时刻用自己的行动回报着这些恩惠。

感恩，使我们在失败时看到差距，在不幸时得到慰藉、获得温暖，激发我们挑战困难的勇气，进而获取前进的动力。就像罗斯福那样，换一种角度去看待人生的失意与不幸，对生活时时怀有一份感恩的心情，则能使自己永远保持健康的心态、完美的人格和进取的信念。感恩不纯粹是一种心理安慰，也不是对现实的逃避，更不是阿Q的精神胜利法。感恩，是一种歌唱生活的方式，它来自对生活的热爱与希望。

初出茅庐的女孩子，享受惯了被人宠的滋味儿，喜欢以“我”为坐标原点，我与他人，我与社会，我与自然，一切的关系都是由主体“我”而发射，一切“身外物”都得围着“我”转，总想着要得到所有人的认同、所有人的尊重，要知道，尊重是以自尊为起点的。要在自己、他人、社会之间架起彼此尊重、相互理解的桥梁，必须先学会感恩。

感恩，从某种意义上来说，是一种认同。这种认同应该是从我们的心灵里的一种认同。

别把自己现在所拥有的一切当成是理所当然，要知道，没有任何一个人有义务对你好对你付出，我们要时刻怀着一颗感恩的心，因为那是一种处世哲学，是一种生活态度，是人生来就具备的本性，是尊重别人尊重自己的基础。

第三章　社交：

从“直来直去”到“圆融练达”的转身

一　甘为陪衬，学会恰当地做“绿叶”

有这么一首诗：

叶羞雾含轻抖山，
香借风送得雨还。
红花须得绿叶衬，
水扰青山风景馋。

我们不难看出，红花要红得清新脱俗，和绿叶不求回报地衬托是脱不了干系的。可以说，它们二者是一体的，谁都少不了谁，谁都离不了谁。

精致得就像刚出炉的陶瓷一般的女孩，容不得别人有半点的亵渎。用花来形容她们，真是一点都不为过。可是，在社交场合，这样的花却是要不得的。

笑笑和小陈是一对人见人爱的好姐妹，她们俩从上幼儿园就认识并“结缘”了，然后是小学、初中、高中、大学，到现在的工作，几乎一直在一起，人们都说，要想找笑笑，找到小陈就可以了；小陈今天心情不好，问问笑笑就知道原因了。她们真可谓是跑了一场“友情马拉松”。唯一不同的是，笑笑人如其名，无论到哪儿几乎都可以在瞬间变成焦点，而小陈，则是“静如处子”，有时候文静得让人不忍惊扰。

这年夏天，“静如处子”的陈寒准备结束她的落单生活，筹备着嫁给那个陪她走了四个年头的软件设计师，当然，伴娘肯定非“动如脱兔”的笑笑小姐莫属了。

婚礼这天，笑笑特意选了一款最新最时尚的礼服，她觉得，自己最好的姐妹嫁人，她怎么着都不能掉链子。

事实上，她的确没有掉链子，却让本是主角的陈寒掉了链子。她左右逢源、笑靥如花，游走在人群中，运动每一个脑细胞，发挥最大能耐努力照顾着每一个到场的人。而小陈，却被这样硬生生地晾在了一边，活像个童话里的灰姑娘。

婚礼结束了，她们的“马拉松”也接近尾声。笑笑明显地感到小陈在刻意地疏远她、回避她，她不明白。

有一天，忍无可忍的她冲到小陈家里，红脸粗脖地要问个究竟，陈寒还是如往日一样，平静、不动声色，任谁也看不出半点端倪。她说：“笑笑，咱俩这么多年了，从小时候起，不管有什么事，你总是喜欢冲在前头，我其实也习惯了，习惯了一直站在你背后。可是这次，你不觉得你很过分吗？我的婚礼，一辈子只有这么一次，你也要跟我抢？你就这么喜欢做主角吗？”

聪明的女孩子，即便是自己多么优秀，都会给别人留有一定的空间，都会恰当地做“绿叶”，当然，这里所谓的“绿叶”不是要你默默无闻地站在别人背后永远支持他们燃烧自己，这是一种社交手段，一种可以让你在社交场合中游刃有余的方式。

要懂得适时地“长他人志气灭自己威风”，也就是说要懂得退让，更重要的是要懂得“捧人”，为他人“脸上贴金”。

现实生活中，很多女孩都不肯“捧”人。第一是误认为捧人就是谄媚，有损自己的人格。第二是自视清高，觉得一般人都比不上自己。第三是怕别人胜过了自己，弄得自己相形见绌。

其实你要明白一个道理，捧别人不是卑微，更不会让你显得暗淡无光。俗语说的好：“人捧人，越捧越高。”

这是人己两利的事情，所以偶尔当当绿叶衬托一下别人，你也同样会得到好的回报。

二　为别人的聪明“傻”一次

有一个叫吉姆的人，他很自私，经常说谎话，常常使用鬼点子欺骗别人，很多人都被他捉弄过，但是都拿他没办法。

一次，他出门远行，要坐好长时间的火车。想买卧铺票，又嫌价格太贵，于是，他就想占用两个人的座位当卧铺用。他早早到达火车站排队，站在了检票口的最前面。检完票后，他便快步跑上火车，拣了一个靠窗的位子坐下，然后又把自己的行李放在旁边的座位上，靠在上面装睡。

车上的人越来越多，越来越挤，很多人都站着，可是，吉姆却装作没看见，继续靠在行李上。旅客问他行李是谁的，他总说是别人的。坐在他对面的一个女孩猜出吉姆是在撒谎，于是就想给他一个教训。

吉姆是个烟鬼，从上火车开始就想去吸烟室吸烟，因为怕别人占他的位子，一直忍着没去。后来，他实在忍不住了，就离开座位去了吸烟室。

吉姆离开后，女孩把吉姆的行李都挪到了坐席底下和货架上，然后让一位老太太坐在那个座位上。吉姆回来后，发现行李被挪走了，就理直气壮地问那个老太太：“你把行李放到哪里去了?”女孩很有礼貌地回答：“先生，刚才行李的主人说他有急事要办，已经在前一站下车了，他托付我把他的行李带到下一站丢掉。”吉姆听了，想说行李是自己的，又不好意思说，怕周围的人取笑他。

下一站快到了，女孩开始整理吉姆的行李，准备把行李送下车，吉姆开始阻拦，女孩说：“这是别人的行李，您怎么阻拦我呢?”吉姆支吾了半天，也没说出一句话，眼睁睁地看着别人把他的行李丢了下去。随后，他便不得不悻悻地随着行李下了车，虽然他还没有到达自己的目的地。他下车后，车厢里的旅客禁不住发出了一阵哄笑。

很多时候，人总是会做出一些自认为很聪明的举动，孰不知，这些举动往往会坏事，就如同故事中的吉姆一样，最后只能自食其果。

在人际交往中，最忌讳的就是耍小聪明。懂得适时装傻的女人是最智慧的女人。这样的女人不会显山露水，而是会配合别人的聪明，给足他人面子。从不肆无忌惮地卖弄小聪明，从不抢在别人前面证明自己有多重要。

生活中，才华横溢、容貌姣好的女人比比皆是。可是，他们的人际关系却往往大不相同。有的女人，总是很会打理自己的人际交往圈，她们在人前从不流露自己的霸气和想法，总是很识时务地配合着别人；而有的女人却不懂得内敛，过于显露自己的聪明睿智。当别人在谈话中犯了某些知识性或逻辑性的错误时，她会毫不留情一针见血地指出来；碰上一些有争议的话题，口气会十分强硬，咄咄逼人的驳斥让人受不了；在表述一个观点时，总是口若悬河直抒胸臆，不给别人发表见解的机会；当别人谈兴正浓时，她会半路杀出抢尽风头，不把别人的面子放在眼里。

最后的结果可想而知，懂得“装傻”的女人总是过得比把别人“赶尽杀绝”的女人更轻松更幸福更快乐。而这些爱在交际场合逞强的女人则是吃尽了她们聪明的苦头，她们的强势往往让别人退避三舍、敬而远之。

女人若想要过得轻松快乐一点，就必须学会装傻，当然，装傻并不是变傻，要知道，能理解别人在说什么，而永远不表现出比别人懂得多；能看到他人的错误，却永远不当面揭穿、而是找台阶给对方下；能在别人深陷困境面露尴尬时，懂得恰当的转移话题，这些都是为人处世的大智慧。

从某种意义上讲，“装傻”其实是另一种“清醒”。所以要懂得配合别人，学会偶尔装装傻，在给足别人面子，满足别人虚荣心的同时，为自己打开许多路，何乐而不为呢?

三　学会微笑，在电话里也一样

不知不觉中，电话已经融入我们的日常生活，成为不可替代的交流工具。但是，你知道吗？电话不仅可以传递声音，而且还可以传递笑容。

国际航空公司以拥有全世界最大数量的旅客纪录而驰名，在1977年，国际航空公司载运的总人数是35566782人。原来，国际航空公司的强大客源，是源于他们的宣传，他们宣称：我们的天空是一个友善的天空，微笑的天空。国际民航公司要求每一个服务人员都必须以此为宗旨。

有一位叫珍妮弗的小姐，仰慕国际航空公司的盛名而来，参加招聘，但是她在公司没有关系，也没有熟人，只能是完全凭着自己的本领去争取。这让珍妮弗有些不安。但她却很顺利地被聘用了，你知道原因是什么吗？那就是因为她脸上总带着微笑。

面试的时候，主试者在讲话时总是故意把身体转过去，背对着珍妮弗，当然，你不要误会，并不是这位主试者不懂礼貌，因为珍妮弗的工作是通过电话工作的，是有关预约、取消、更换或确定飞机班次的事情。所以，这位主试者是在体会珍妮弗的微笑，感觉珍妮弗的微笑。

当珍妮弗去追问自己为什么会被录取的时候，那位主试者微笑着对这位被试者说："你被录取了，你最大的资本是你脸上的微笑，你要在将来的工作中充分运用它，让每一位顾客都能从电话中体会出你的微笑。"

一个简单的微笑，原本只是个人表情的流露。可是它的力量却是如此强大。现如今，很多人都已经在学着将它运用到学习和生活中了。

在书店里，一本本"微笑宝典"排在畅销书榜的前几位，它们记载了怎样在生意谈判中明智运用微笑、怎样的微笑最令人赏心悦目；在微笑学校里，有的“微笑导师”在教授公司主管如何令他们的微笑更具有说服性，有的“微笑导师”在教授一线员工如何用微笑提高自己的营业额；在商场里，能够自动识别微笑的相机成为新爸爸新妈妈的热爱，因为相机会捕捉婴儿的每一次微笑，年轻的爸爸妈妈再也不用为摸不准宝贝的表情而遗憾；在企业实验室里，有关“测笑仪器”的研发正在紧张进行，一旦研发成功，不仅能为企业提供衡量员工微笑程度的方法，而且能运用到文艺界以便创作出更加令人捧腹大笑的作品……

在电话礼仪中，有一条是这么说的：要保持喜悦的心情，对着话筒微笑，这样即使对方看不见你，也可以被你欢快的语调所感染，并且会给对方留下极佳的印象。因为面部表情会影响声音的变化，所以即使在电话中，也要抱着“对方看着我”的心态去应对。

很多女孩都会说：“我不会笑啊，怎么笑都笑不出来。”其实，微笑是一个很简单的动作，只是你笑的时候要发自内心，我们可以通过下面几个方法有意识地训练自己：

1. 放松面部肌肉，然后使嘴角微微向上翘起，让嘴唇略呈弧形。最后，在不牵动鼻子、不发出笑声、不露出牙齿，尤其是不露出牙龈的前提下，轻轻一笑。

2. 闭上眼睛，调动感情，并发挥想象力，或回忆美好的过去或展望美好的未来，使微笑源自内心，有感而发。

3. 对着镜子练习。使眉、眼、面部肌肉、口形在笑时和谐统一。

4. 当众练习法。按照要求，当众练习，使微笑规范、自然、大方，克服羞涩和胆怯的心理，也可以请观众评议后再对不足进行纠正。

很多女孩子因为自身很多的因素而导致做出来的笑容很僵硬，甚至有些死板呆滞，所以，在这里特别值得注意的是，我们在练习微笑的时候一定要告别皮笑肉不笑，还要不断提升笑容“质量”，就是说，要笑得自然，笑得大方，笑得舒心。

年轻的女孩子们，千万不要吝啬自己的微笑，因为你的笑容是一笔巨大的财富，是最能说服别人的心理武器。

四 慎重交友，择其善者而从之

子曰："益者三友，损者三友。友直、友谅、友多闻，益矣；友便辟、友善柔、友便佞，损矣。"。

朋友，是有困难的时候出来拉你一把的人，是你有烦恼耐心听你说所有心事的人，是你人生得意的时候真心为你高兴的人，是你走错路给你指引的人，是你一生的财富。

俗话说："物以类聚，人以群分。"因此，如果想要知道一个人的品性和修养，只要观察她的交友情况，大概就可以掌握不少了。

法国科学家法拉第说："如果你想了解你的朋友，可以通过一个与他交往的人去了解他。因为一个饮食有节制的人自然不会和一个酒鬼混在一起；一个举止优雅的人不会和一个粗鲁野蛮的人交往；一个洁身自好的人不会和一个荒淫放荡的人做朋友。和一个堕落的人交往，表示自身品位极低；有邪恶倾向，并且必然会把自身的品格导向堕落。"

选择什么样的朋友，对自己的思想、品德、情操、学识都有很大影响。所谓"近朱者赤，近墨者黑"就是这个道理。没有一个品行高尚举止优雅的人愿意混迹在一堆满口脏话道德低下动辄伤人的朋友圈子里。

"君子慎取友也。"品德高尚的人历来受人推崇，也是人们愿意结交的对象；而品德低劣的人却常常被人所鄙视，当然也不排除"臭味相投"的"酒肉朋友"。

我们在交朋友的时候一定要"择其善者而从之"，朋友之间的行为总是互相影响的，我们宁可"近朱者赤"，也不能"近墨者黑"。

子亦曰："与善人居，如人芝兰之室，久而不闻其香，即与之化矣。与不善人居，如人鲍鱼之肆，久而不闻其臭，亦与之化矣。"

墨子也有关于交友的比喻，他把择友比作染丝："染于苍则苍，染于黄则黄，所人者变，其色亦变。五人必而已，则为五色矣，故染不可不慎也。"意思就是说，把丝放于青色染料里就变成了青色，放入黄色染料里就变成了黄色。投入的染料不同，丝的颜色也不同。把丝放进五种不同的染料里，就能染出五种不同的颜色。因此，他认为人性的浸染不可不慎重。

交友一定要慎之又慎，要"宁缺毋滥"。有的时候，也可以学着世俗一点，与那些比自己聪明、优秀和经验丰富的人交往，因为这样，我们或多或少都会受到感染和鼓舞，增加生活阅历，使我们自己得到长足的发展；与品格高尚的人生活在一起，这样时间长了，也会感到自己在其中得到了升华，自己的心灵也被他们照亮了。

小测试：看被朋友带坏的指数有多高

现在你一个人在家，刚好有一个苹果，你想怎么吃？

1. 榨成苹果汁

2. 做苹果色拉

3. 洗洗直接吃

解析

1. 选（榨成苹果汁）的人

好奇心重的你只要两三下就会被朋友带坏。你被朋友带坏指数超级高：这类型的人性格特质永远像个长不大的孩子，她觉得世界上应该是多彩多姿而且是很有趣的，认为每天过一样的生活太无聊，只要朋友一找他，他会马上应召而去。

2. 选（做苹果色拉）的朋友

耳根子软的你会想表现合群而被朋友带坏。你被朋友带坏指数偶尔会比较高：这类型的人性格特质蛮在乎朋友的，虽然她有自己的判断或者已经很成熟了，但是她会觉得在团体中不要太不合群，或者是太难相处，于是未了要让团体更融洽而配合大家。

3. 选（洗洗直接吃）的朋友

对朋友具有影响力的你只有你带坏朋友的份。你被朋友带坏指数为零：这类型的人个性有欧巴桑的灵魂，而且还有女魔头的特质，甚至有黑社会老大的基因，跟朋友相处的时候很具有影响力，大家会觉得她以后会是一号人物或者是狠角色，因此不敢得罪她，跟朋友相处时唱歌时或有一些口头禅，朋友自然而会被影响。

五　学会主动，扩展你的人脉圈

矜持是女孩子的本性和公众场合应持有的态度，但是，在社交场合上，矜持的女孩子往往没有活泼开朗乐观大方的女孩子人脉广。信纳德·佐宁博士在《交际》一书中说出了这样一个观点："当你在社交场合中遇到陌生人，你应把注意力集中在他们身上四分钟，你的生活将因此而改变。"

生活中，很多女孩子在社交场合面对陌生人时，都会不知所措，不仅使场面尴尬，而且还错过了很多扩大自己人脉圈的机会。其实，无论什么时候，只要你掌握了主动权，事态完全会按照你的想象发展。

那么，要怎么样才能掌握主动权开口跟别人交谈呢?

1. 留心观察

从一个人的服饰，举止，谈吐可以看出他的心情，精神状态和生活习惯。开始谈话前首先看对方有何与自己相同之处。例如，他和你一样都穿了一双耐克气垫运动鞋，你可以以耐克鞋为话题开始你们的谈话。

2. 以话试探

两个陌生人相对无言，为了打破沉默的局面，首先要开口讲话，可以采用自言自语，例如，"天太热了"，对方听到这句话便可能会主动回答将谈话进行下去。还可以以动作开场，随手帮对方做点事，如：推下行李箱等；也可以发现对方口音特点，打开开口交际的局面，例如：听出对方的上海口音，说："上海人吧?"以此话题便可展开。

只要开口交谈，那么把对话进行下去就简单容易多了。但是，能不能好好利用这个机会将其发展成自己"圈内"一员，则要靠你注意下面这些交谈细节了：

1. 眼神

再也没有比当你对他讲话而他却环顾四周更令人难堪的事了。有些人边讲话边环顾四周；而有些人是在听话时东张西望。这两种人都缺乏基本的责任感，即做一个好的、注意力集中的听众。在你对任何人讲话时，都要注视他或她，不是紧紧地盯着，而是一直看着，这样你的对话者会明白你没有分散注意力。

在别人对你讲话时，千万不要环顾整个房间。也不要表现出对周围发生的事很厌烦和很感兴趣。如果你的听众这样做，您可以停下来并与他一起注视，似乎你对他发现的奇事很好奇。如果他问你在干什么，你可以说："哦，我很感兴趣你在看什么。"然后继续谈话，他会明白暗示的。

2. 学会沉默

不要遗憾有话没有说出来。"闭上嘴让别人认为自己是个傻子比张开嘴什么都说要好。"不要装做什么都懂。真正聪明的人从不犹犹豫豫地说"我不知道"。说话随便的人容易说得太多，有时造成不谨慎。有丰富想象力的人总是在言谈中不可靠。另一方面，总是保持沉默的人常在亲密的人中穿得很好，但他或她不会给聚会增添吸引力。在谈话中，中间的路总是最好的，正如很多事情一样。要知道什么时候该听别人讲话，也要知道什么时候该轮到自己讲话了。

3. 三思而后说

几乎所有在谈话中出现的失误或错误是由于没有认真考虑或缺乏考虑造成的。老话说得好，"先睁眼，慢开口"，这里的"睁眼"便是要我们多做观察，思考之后再说话。

多数情况下没有人提醒我们说话时欠考虑和没有考虑。只要注意听一下自己讲的话和对方的反应就可以发现我们的不足。说话之前三思是我们

自己的事。与人说话时不要说“我想”，而要说“您怎么想?”

如果你正在为自己稀薄的人脉网发愁时，不妨放下自己的矜持，变被动为主动，掌握交流的主动权，给自己一个选择朋友的机会，为日后的发展提前创造一个机会和空间。

六　长袖善舞，说话因人而异

《红楼梦》第六十回中，芳官得了蕊官送的蔷薇硝，喜滋滋地向宝玉炫耀。不料，那贾环见了竟张口索要。这是情人送的爱物，芳官当然不愿意送给贾环，便找原先那包。岂知翻来寻去找不到，一旁里麝月说：你不管拿些什么给他们，哪里看得出来，快打发他们去了。芳官听了，便用茉莉粉打发了贾环。不料这一打发，打发出了个闹剧。

赵姨娘见了茉莉粉，知道是糊弄贾环，顿时火起，怒冲冲找到怡红院，将那粉照着芳官的脸上摔去，手指着鼻尖骂道：小娼妇养的！你是我们家银子买来学戏的，不过娼妇粉头之流，我家里下三等奴才也比你高贵些，你都会看人下菜碟。

其实，赵姨娘的举动不也照样是看人下菜碟？如若换了王熙凤，换了贾宝玉，她又哪敢说这种话?

自然，赵姨娘这个例子明显是个反面教材，但是在我们的日常生活中，不同的人不同对待。像有很多女孩子说话从来不看对象，在人前想说什么就说什么，结果可想而知，不仅没有使别人认为自己心直口快、直来直往、没有什么心机、没有什么城府，反而还得罪了不少人。

人是各种各样的。因此，他们的心理特点、脾气秉性、语言习惯也各不相同，这些因素决定了他们对语言信息的要求是不同的。所以，不能用统一通用的说话方式来交流，见什么人说什么话，因人而异非常必要。

一般说来，因人而异要考虑以下几个方面：

1. 性别差异。

对男性采取直接的语言，对女性则采取温柔委婉的态度。

2. 年龄差异。

对于年轻人应采用煽动性强的语言，对中年人应讲明利害关系让其自己斟酌，对老年人要用商量的口吻以示尊重。

3. 地域差异。

所谓一方水土养一方人，一方人有一方人独特的性情特点。对于北方人可采用粗犷直率的态度，而对于南方人则要细腻一些。

4. 职业差距。

与不同职业的人交往，要针对对方职业特点，运用与对方掌握的专业知识关联较紧密的语言，增强对方对你的信任度。

5. 文化差异。

对文化程度较低的人采用的语言要简洁，多使用一些具体的例子和数据。而对于文化程度较高的人，则要尽可能表达得专业。

此外，性格差异是不分年龄和职业的，所以要特别注意。若对方性情豪放、粗犷，则他喜欢听耿直、爽快的话。那么你就应忠诚、坦白，知无不言、言无不尽，对美丑、善恶的爱憎要强烈分明。办事严谨、诚实、老练的人，最喜欢听流利而稳重的话，这时，你说话要注意态度恭敬，既不能高谈阔论，也不可巧舌如簧，而应朴实无华，直而不曲。话语虽简单，但言语中的，给人以老实敦厚的印象。若对方是学识渊博的高雅之士，他可能崇尚旁征博引而少芜杂的言辩，你不妨从理论问题谈起，引经据典，纵横交错，使谈话富有哲理色彩，但言辞应表现出含蓄和文雅，显得谦虚而又好学上进。

总之，与不同的对象谈话，就要采用不同的谈话方式。记住，不要拿天真当借口，在社会这个大染缸里，没有人愿意容忍你的口无遮拦，没有人愿意为你说的错话买单，学着圆滑点，学着聪明点。

七　低调处事，学会扬他人之长

有一个秀才坐渡船过河，船刚离开河岸，秀才看到船上的竹篙，就问摆渡的船工："你会吹笛吗?"

"我哪会吹笛呢，只会摆弄撑船的竹篙。"船工笑嘻嘻地说。

"连笛都不会吹，你这生命的意义也就失去了百分之十。"秀才以一种戏谑的口吻说道。

船工只顾撑船，默不作声。

秀才看到船上的缆绳，又煞有介事的问船工："你会抚琴吗?"

"我也不会抚琴，只会鼓捣船上的缆绳。"船工仍然笑眯眯地说。

"连琴也不会抚，你这生命的意义也就失去了百分之二十。"秀才以一种轻蔑的口气说道。

船工全力摆渡，低头不语。

秀才看到不远处的苇丛间惊飞的野鸭，随口吟咏起王勃的名句。又不屑一顾的问船工："你会作诗吗?"

"我更不会作诗了，只是每天的鞋子倒是挺湿的。"船工乐哈哈地说。

"连诗也不会作，你这生命的意义也就失去了百分之三十。"秀才以一种嘲讽的腔调说道。

说着说着船就到了河心。就在这时，大雨滂沱，河流忽然涌起巨涛狂浪，眼看就要翻船了。竭尽全力也无力回天的船工，急忙问秀才："你会游泳吗?"

"我、我不会……"秀才不禁大惊失色。

"连游泳也不会，你这生命的意义，看来就要失去百分之百了。"船工以一种爱莫能助、万般无奈的语调说道。

话音未落，渡船已被大浪掀翻，最后秀才还是要指望船工来救他上岸。

这个小故事告诉我们：做人，一定要看到他人的长处。不能一味地炫耀自己，揭他人之短。你的长处是他人力所不能及的地方，那么，他人的长处呢？不正是你力所不能及的地方吗？

在与他人交流交往的时候，不能只看到对方说话的时候遗漏了什么，不能在人前一味地炫耀你拥有什么、你比别人哪里更优秀，更不能拿别人小小的错误当笑谈。

我们必须承认的是，每个人都有自己的长处，每个人的长处都可以在社会中发挥积极的作用。而一个良性的社会环境中，对社会有益的理想状态是每个人能够尽量多发挥出自己的长处。讲到这一点，唐朝的杨敬之写过一句诗：“平生不解藏人善，到处逢人说项斯。”说的就是唐朝有个人叫项斯，因为他的品德和才华出众，因此都到处夸奖项斯。以后这句话成为一个典故，就叫做“说项”。人们能够经常地夸奖别人的长处，让每个人的长处可以发挥出来，并且在人群中扩散，那么每个人的长处都尽可能在社会中积极地发挥作用，这对个人对社会，都是十分有益的一件事。

所以说，不妨学学杨敬之，在人前“说项”，我们必须承认，人，各有所长，学会挖掘、并扬他人之所长，其实也就是在推销你自己，给你的发展创造空间，同时，也是在不断地提升自己。

八 赞美的话，放在人后说更有效

我们都有被别人赞美和赞美别人的经历，被别人赞美是一种喜悦的心情，赞美别人是一种为人处世的学问。如果你的赞美不得当，不仅起不到理想的作用，往往还会适得其反。

小敏是一个人缘极好的人。这要缘于她巧妙得当的“借功”了。有一次，公司来了一位新同事，因为下班正好顺路，所以她们经常一块儿回家。在路上，小敏经常热心地为新同事介绍公司的情况，每个人的脾气习惯等等。说得最多的就是她们的顶头领导李姐。

“李姐是个很有能力的人。我们这个部门以前是受批评最多的，自从李姐来了以后，简直让我们这个部门变得焕然一新了。她总是第一个到公司，几年来一直如此。而且对每一件事，她都力求做到最好，从不延误。”

“我们下面的员工就是受到了她的感染，才转变了工作态度。而且你别看李姐平时挺严肃，要是公司聚会什么的她表现得可活跃了，她唱歌可真是一流的！舞跳得也不错，还有更让你吃惊的呢，我一直以为女强人都不怎么顾家，可是，李姐还真不一样，有一次我去她家拿资料，她居然自己在做菜，而且厨艺还真的很棒呢。真的挺佩服她的，我一直都拿她做榜样，一直都以她的标准来要求我自己呢。”

不久，公司去KTV庆功，新同事看着李姐玩儿得如此尽兴，就说道：“没想到李姐的歌唱得这么好，小敏姐就经常跟我说你的歌儿唱得特别棒。当时她说你工作能力又强，还有很多特长，我还真有点儿不敢相信呢！现在我全信了，小敏姐和我都特別崇拜你，小敏姐还说你就是她的榜样呢。”李姐听后，会意地朝小敏笑了笑，在那之后，李姐对小敏更加照顾了。

小敏的“借功”可谓是做得滴水不漏，既夸赞到了李姐达到了自己的目的，又没有使李阳觉得她的夸赞掺杂水分，摆脱了谄媚的嫌疑。

俗话说：人前十句好话不如人后一句好话。如果当面赞美一个人，火候把握得不好，难免会让人觉得太假、太做作。而且，这种正面的赞美所起到的效果也是不明显的，甚至还会起到反作用。但如果我们在当事人不在场的情况下将其夸赞一番，既排除了功利的可能性，还能使对方坦然接受，觉得自已的溢美之词发自肺腑。

我们换个角度想一想，当你听到某人直接跟你说：“你真漂亮，那么年轻，又那么有能力，我真是佩服死你了。”和听到一个“第三者”说：“某某经常跟我淡起你，说你漂亮、有气质、有能力，她还挺佩服你的。”哪一种方式更容易接受，让你不觉做作、有水分、更让你觉得舒服？

喜欢听好话，是每个人的一种天性。因为来自他人的赞美能使人自尊心、荣誉感得到满足，使人情不自禁地感到愉悦和鼓舞，并对说话者产生亲切感，这时彼此间的心理距离就会因赞美而缩短、靠近。

要学会这种“借功”，懂得把动听的话放在背后说，因为，在一般人的观念中，“第三者”所说的话大多比较公正、实在、真实、可靠。而当面的溢美之辞，大多时候根本起不了什么作用，反而会让被赞美者对你产生戒备和排斥心理。

在背后说别人动听的话，是一门社交学问，年轻的女孩子们不仅要学会它，而且还要多多练习，没有人对别人“无意”的赞美无动于衷，只是动的程度不同罢了。

九　距离产生美，闺蜜也要亲密“有间”

小蕾和小蕊是同一宿舍的好友，也是因为住在一起才成为朋友的，她们戏称宿舍是她们的家庭，所有的东西都没有“标签”，甚至工资也混在一起，两人为这种关系骄傲，在别人的眼里流露的也是羡慕的目光。

不久，小蕊交了男朋友，经常出去逛商场，吃饭，于是两人的合作经济出现了危机。起初，小蕊觉得没什么，小蕾也不在乎，后来小蕊提出实行AA制。小蕾考虑再三同意了，但后来，还是因为不习惯而放弃了。

事有碰巧，一天小蕾的母亲病了，当小蕾回宿舍取钱时，面对的却是空空的抽屉，小蕾不由得问小蕊：“钱哪儿去了，工资不是才发了三天吗?”小蕊说：“他前段儿时间不是给我买了条项链吗，我虽然很喜欢，但是确实太贵了，我觉得心里有点儿过意不去，就今天给他买了块儿手表。”

小蕾无言地离开了。从此之后，两人的关系便出现了裂痕，并且越来越差、越来越僵，最后不得已，两人只好分开了。

朋友就是你失恋的时候或遇到不顺心的事情时，她会半夜三更打车到你家中陪你度过漫长的夜晚、愿意做你的听众却又不会让你感到内心不安；可以借她的肩膀让你尽情的哭，永远都不会嘲笑你、不会讽刺你；陪你哭、陪你笑、陪你闹、陪你逛街、陪你宣泄一直都不会有怨言；无论什么时候，只要你需要，她都会恰到好处的出现。

很多人都认为，朋友就该亲密无间、无话不说、有福同享有难同当，有时候恨不得和她同穿一件衣服。实际上，凡事都有个“度”。朋友之间也一样，虽然见面和交往的机会比其他人要多，可是如果超过了一定的“度”，你的朋友也就无所谓“朋友”了 。

心理学家霍尔认为，人际交往中双方所保持的空间距离是人际关系的表现，研究发现，亲密关系（父母和子女、情人、夫妻间）的距离一般为45厘米，个人关系（朋友、熟人间）的距离一般为0.45米~1.20米，社会关系（一般认识者之间）一般为1.2米~3.6米，公共关系（陌生人、上下级之间）的距离为3.6米~7.5米。

可能你会遇见这样的情形：你认为自己对好朋友了如指掌，有许多事不该对她有所隐瞒，然而从某一天开始她却突然疏远你，让你感到莫名其妙；有时你替她做许多事，但她却不太领情；或者有时候明明你知道她心里有事情却宁愿自己一个人憋着也不对你讲。二十几岁的女孩子，都有一颗无比敏锐的心，如果出现这种状况，那你应该考虑考虑是不是你把你们之间的距离拉得太近了，以至于让对方喘不过气儿了。

一定要记住：朋友，是要用心去经营，需要有一定的艺术性。对一个朋友，且不论男女朋友，不能太过于重视，否则对方会觉得压力很大，会被你的重视压得喘不过气，但又不能过于疏忽，过于疏忽，可能就不会再有联系。有的朋友，你如果太重视她，会让她觉得交你这个朋友很累，就是因为你太重视她了，跟她的距离太近了，才会让她感到压力，也会让自己过得很辛苦。无论是朋友之间，或是恋人之间，对对方的情感，肯定是无法对等的。总会有付出较多的一方，而往往是付出多的一方容易受到伤害。所以，在和朋友相处的时候，一定要告诫自己，要控制自己的付出，把握好你们之间的距离，这样，不仅会让你有一种“君子之交淡如水”的美感，还会使你们之间的情感永远都处于保鲜期。

十　掩饰自己，学会和不喜欢的人打交道

日常生活中，很多人都只愿与自己喜欢的人交往。尤其是年轻的女孩子，根本不懂得掩饰自己的喜好。对于不喜欢的人，或嗤之以鼻，或敬而远之。总之，根本不会主动去向人家示好，若是不喜欢的人同时又是有很大矛盾的人，就更会形同陌路，甚至横眉冷对。

人，往往是个矛盾的集合体。有时候，你明明知道你的这种做法只能使你在瞬间大快人心，而对工作和事业的发展却却一点儿好处都没有。这其实就是心理上对某种自己不喜欢的事物排斥趋势在作祟了。

心理学中有个小原理：你不接纳别人的某个特点，实际上是因为你自己潜意识中就有类似的东西，因为不接纳自己，才会如此不接纳别人。

小丽是个表面上很传统的女孩，最看不惯那些花枝招展、在男士面前“搔首弄姿”的女同事，所以，她的朋友很少，异性朋友更少。

时间长了，她自己也习惯了独来独往，对所有人都冷冰冰的。可是父母却越来越担心，他们以为小丽有自闭症。小丽对父母的担心一直不以为然，仍然我行我素地过着她的“独行侠”生活。

最后，拗不过父母，在他们的威逼利诱下，小丽来到了市立医院精神科。但是，医生在给她做精神分析的过程中，通过分析她的梦发现，她的内心其实是非常渴望得到更多异性的爱和关注，只是她一直深深压抑这个愿望而已。

其实，怎样做到与自己不喜欢的人打交道一直困扰着很多年轻的女性，尤其是20几岁年轻的女孩子，她们涉世不深，复杂多变的社会形态令她们目不暇接，更别说接招了。

那么，究竟如何与不喜欢的人打交道呢?

首先你要明白，是什么原因使你对某个人特别反感，为什么他同样的特点，别人就可以忍受。你可以细心体验一下，这个人的特点像谁？像你早年重要亲人中的谁？小时候你对这位亲人有怎样的感受，又会有怎样的关系互动模式？

某公司的小张，总是和那个主管领导搞不好关系，陷入了“冷战”。后来，时间长了，主管发现，小张有一位懦弱而专制的父亲，从小深受父亲严厉管教和责罚之苦，他对父亲有着强烈的被压抑的愤怒，于是在成年之后他会不自觉地把对父亲的情绪和态度“转移”到具有类似特点的人物（领导）身上，领导成了他无意识发泄对父亲愤怒的一个“靶子”。

其次，你要学会换位思考。你也非完人，没有本事让所有人都喜欢你，那么，在遇到不喜欢你的人的时候，你又是怎样的心态呢？你是不是也希望别人能看到你的长处、忽略他与你格格不入的地方呢？

人际关系的矛盾常常是“一个巴掌拍不响”，相互间用冷漠和敌意对待对方，只会进一步把对方“推”到自己的对立面，而如果尝试以德报怨，以温和与友好来面对对方的“找茬儿”，你的对头就会逐渐感受到你的善意，坚冰就会逐渐融化，你们之间也就更容易建立一种遇到问题“对事不对人”的健康人际关系。

在与他人、尤其是自己不喜欢的人交往时，千万不能过分计较自己的荣辱得失，更不能稍有不如意，就给周围的人脸色看，更不能殃及一些不相干的人。仔细想想，你不喜欢某个人，是不是就因为他曾经如实反映过你的某些缺点？女孩似乎缺乏闻过则喜的精神，总是对指出自己缺点的人耿耿于怀，其实大可不必，你应该感谢那个让你看到自己缺点的人。在与他人的交往过程中，如果我们只看到对方的行为、性格与自己的不同，那么就会因小失大，失去很多交友的机会。

十一　话到嘴边留三分

常言道：逢人只说三分话，不要全抛一片心。这是古人的处世哲学，也是今人拿来在社交场合运用的社交方式。肚子里有话，要经过一定程度的深思熟虑，什么该说，什么不该说，即使这样，到了嘴边，还要停留一下，或者只拿出去七成，那三成仍然留着。

言语，是造物主赐予人类的珍贵礼物。需要善加珍惜和保护。不可忘乎所以，随意滥用。我们可以回想一下，日常生活中误解我们意思的人有多少，我们被错怪、冤枉的事情有多少？同样道理，我们误会、冤枉别人的时候也一定不在少数。虽然我们不全是故意的，但我们所受到的伤害和对别人产生的伤害却是实实在在的。

坦率真诚，快人快语，言无不尽，这本是人的美好品德，但是我们的坦诚和言无不尽有可能被别有用心的人利用，给我们造成伤害，所以我们不得不防。

如果对方不是可以尽言的人，你说三分话已经不少，对方若不是深交的人，你也畅所欲言，对方的反应如何呢？

你说的话，是属于你自己的事情，对方愿意听吗？彼此关系浅薄，你对他深谈，则显示没有修养。如果话题是关于对方的，你不是他的密友，和他深谈，显得你太冒昧，如果你的话是涉及他人的，对方的立场你并不明白，对方的主张你不清楚，你偏直言不讳，这往往容易得罪人

所以逢人只说三分话，不是不能说，而是没有必要说的就不要说，那些会做人的人，说话圆滑而保守，不必说的则不说，这决不是他不诚实，更不是狡猾，而是做人的一种技巧。

说话有三种限制：一是人，二是地，三是时。非其人不说，非其时，

虽得其人，也不必说，得其人，得其时，而不是说话之地，仍不要说。

不是说话的人，你说三分话已是太多，得其人，而不是说话的地方，你说三分话，已经给对方一个暗示，观察其反应，得其人，得其时，而不是说话的地方，你说三分话，正好引起他人的注意，如有必要的话，不妨找一个地方详谈，这才是真正明智的人。

可是生活里就是有些人心里放不住话，听到什么，看到什么，立刻去四处传播，我们有句俗话：病从口入，祸从口出，许多是非往往是因为这样的人多嘴造成的。

孔子曰："不得其人而言，谓之失言。"有时候，你只说三分话，是由于你的职业道德，做医生的，特殊病人的状况，病历，你是只字不能向病人提及的，这是医生的职业道德。如果你从事的是保密工作，或者特殊的行业，更是应该注意。你说的三分话，应该是柴米油盐，应该是天文地理，应该是稗官野史，总而言之，应该是无关紧要的材料。虽然说得头头是道，说得淋漓尽致，说的皆大欢喜，其实是言之无物，不会引来什么麻烦。

会做人的人，不只是有做人的智慧，更有说话的技巧，他们说话圆滑而保守，不该说的则不说，不用说的更不会说，这既不是他的不诚实，也不是他的狡猾，而是一种说话的技巧。

我们每天与人交流，又不能不说话，所以才要话到嘴边留三分。需要特别谨慎小心。弄不好就会伤害别人，可我们自己也许并没有意识到这一点。但我们与他人的成见、隔阂甚至于仇恨就在不知不觉间产生了。以至于两个本来很熟悉的人，由于言语不慎，互相之间一时直言竟会行同陌路，势若仇敌。所以与人进行语言交流的时候，一定要有警觉之心。话到嘴边留三分，给自己，也给别人留有余地。生活中说话有度，言语得体的人，一定是人缘最好的人。

十二 别具一格，给别人留下良好印象

刚刚步入社会的年轻人，肯定都希望能得到“高人”的指点，“贵人”的帮助，因为这样，能让我们少碰壁。可以说，每个人的一生中，都会或多或少的出现“贵人”，帮她们指点迷津、让她们少走弯路，可有的人就迷惑了：到底谁才是我生命中的“贵人”呢？我要怎样才能让我的“贵人”留心到我并记住我呢？

那么，不妨用下面的方法，让你的“贵人”看到你突出的那一面吧：

一、主动向对方打招呼

俗话说：“一回生，二回熟。”对于陌生人来说，你先开口向对方打招呼，就等于你将其置于一个较高的位置。以谦恭热情的态度去对待对方，一定能叩开交际的大门。如果你能用自信诚实的目光正视对方的眼睛，会给对方留下深刻的印象。

二、报姓名时略加说明

记忆术中有一种被称作“记忆联合”的方法，这是一种把一件事与其他事连在一起的记忆方法，初次见面的人利用这种方法可以加深他人对你的印象。

三、注意自己的表情

人的心灵深处的想法都会形之于外，在表情上显露无遗。如果你想留给初次见面的人一个好印象，不妨照照镜子，审慎地检查一下自己的面部表情是否跟平时不一样，如果过于紧张的话，最好先冲着镜中的自己傻笑一番。

四、找出与对方的“共同点”

任何人都有“求同”心理，往往会不知不觉地因同族或同伴意识而亲密地连结在一起，如果你能找出与对方拥有的某种“共同点”，即使是初次见面，也会在无形中让对方产生亲切感，一旦心理上的距离缩小了，双方便很容易推心置腹了。

五、了解对方的兴趣、爱好

初次见面的人，如果能用心了解与利用对方的兴趣、爱好，就能缩短双方的距离，加深对方的好感，这也能在短时间内使对方喜欢上你。

六、引导对方谈得意之事

任何人都有得意的事情，但是，再得意、再值得骄傲和自豪的事情，如果没有他人的询问，自己也不能主动提及。而这时，你若能适时而恰到好处地将它提出来作为话题，对方一定会欣喜万分，并敞开心扉畅所欲言。适当地给人机会，你们的关系会更加融洽。

七、适时地指出对方身上的微小变化

每个人都渴求拥有他人的关心，对于关心自己的人也容易产生好感。所以我们要积极地表示出自己对他人的关心。只要一发现对方的服饰或常用物品有所变化，哪怕是极其微小的变化，也应立即告诉对方，让对方感受到你的细心和关怀，你们之间的关系就会变得比以前更为亲密。

八、挺直的坐姿

弯腰曲背的人，大多是害羞的、自我防卫心强的人，让人觉得难以与之相处。而脊背笔直的人，会让人觉得富有活力、精气十足。因此，在会谈、面试等社交场合，必须注意挺直你的脊背，让人觉得你“精明强干”。

九、恰如其分地“附和”对方

“附和”是表示专心倾听对方说话的最简单的信号，体现谈话双方的情感交流。真正用心听他人谈话时，总会发现谈话中有自己不懂的、有趣的或令人拍案叫绝的地方。如果能够将听时的感想积极地表现出来，随声附和，定能使对方的谈话兴趣倍增，乐于与你交谈。

十、不要忽略分手的方式

心理学认为，人类的记忆或印象具有“记忆的系列位置效果”，也就是说，人的记忆或印象会随着它的话语中出现的位置不同而有深浅之分。一般来说，最有效果的是最初和最后的位置。所以，在事情进行过程中留下不好的印象或出现某些小问题，如果能在最后关头将良好印象深植于对方心中，就能挽回原来造成的损失。西方一些国家的政府首脑、议员在接受民众的陈情案时往往采用这种技巧：接受陈情案时，并不送对方到门口；否决时，必定恭恭敬敬地送到大门口，一一握手道别，让那些没有达到目的的人怀着感激对方已尽力的心情回去。我们在日常交际中也要注意分手时的语言和动作。与人会谈结束的时候，如能将自己的感激之情用三言两语表达出来，一定会给对方留下难以忘怀的印象。

十三 勤于管理，别让人脉圈“杂草丛生”

有一句话说：多一个朋友多一条路。所以有些女孩一味地扩大自己的人脉圈，什么形形色色的朋友都交，结果往往会适得其反，非但没有从人脉中获益，反而经常被“损友”连累。

小雯是个性格活泼开朗的女孩，而且她热情大方，走到哪里都很受欢迎，都有一大堆朋友。

她喜欢唱歌，没事总爱到KTV里面飚几首歌练练嗓子。

有一次周末，小雯的歌瘾又犯了。于是，趁着休息，她就走进了附近的一家KTV。这不去不要紧，一去真是让她大开眼界：这家其貌不扬的KTV里居然有那么高档的硬件设备和那么出色的调酒师。

几曲下来，小雯就和那个漂亮的调酒师走得越来越近了，后来两人还互留了姓名、交换了联系方式。自此之后，小雯就经常出入这家KTV，也和这个叫小桑的调酒师成了无话不谈的好朋友，有时候，两人为某个话题谈到尽兴处时都大有“相见恨晚”的遗憾。

八月中旬的一个夜晚，正在台上唱歌的小雯突然感到浑身乏力、而且浑身开始发抖，她以为是伤风了，于是迅速到吧台跟小桑要了一杯酒，可是酒下肚之后，她不仅没有感到舒服，反而比之前更加难受，身体开始抽搐，嘴里也有很多白沫不停地往上冒，这时，小桑从吧台后面跑了出来，抱起小雯说："没事的，来，这里有一颗药，吞下去就没事了。"小雯就很听话的吞下去了，真的如小桑所言，药吞下去不久，她真的就好了，可是后来她觉得有点不对劲儿，她问小桑："你那是什么药啊?"正在调酒的小桑头也没抬："你刚才是毒瘾犯了，刚刚给你服的是摇头丸，以后就从我这儿拿吧，但是从今天起，没有免费的了。"

小雯突然傻了眼，大脑一片空白，手中的酒杯突然掉到了地上，摔成一地凌乱晶莹的碎花，如她此时的心一样。

可怜的小雯就是因为交友不慎才误入歧途，她以后的日子会怎样，最后等待她的到底是什么，我们真的不敢想象。

管理好自己的人脉网，不能让自己的圈子"杂草丛生"。除了要和朋友保持密切的联系之外，还要对自己的交际圈做定期的"清理工作"。对那些影响自己的"杂草"一定要适时地清除掉。对于朋友，一定要懂得评估，懂得割舍，有些人也许看起来很好，可是深交下去，不仅不能给你带来好处，反而会让你深受其害。

所以，要记得，下面这些朋友万万交不得：

1. 酒肉朋友不能交。

2. 心胸狭隘的朋友不能交。

3. 个人利益为重的朋友不能交。

4. 自私、唯我独尊的朋友不能交。

5. 以贫富论品味的朋友不能交。

6. 遇事情不愿帮助别人的朋友不能交。

7. 待人虚伪，不诚实的朋友不能交。

8. 有了新朋友忘记老朋友的人不能交。

9. 在人面前总是炫耀自己，压低他人的朋友不能交。

10. 能和你共享欢乐，而不能和你共患难的朋友不能交。

第四章　规则：

从“懵懂单纯”到“世事洞明”的转身

一　融入群体，不做带刺的玫瑰

小薇是独身女，从小被宠惯了，什么事情都只自己说了算，做事俨然一副大小姐风范。虽然进入职场之后她收敛了不少，可是，残存的“贵族气息”却也让她受了不少苦头。

一次，老板要他们组拿出一套设计方案，可是，小薇的想法与别人格格不入，于是，她就按自己所想做了一套方案，在研讨会上，其他组员在讲解他们方案的时候，小薇就像一只好斗的公鸡，一点都不给对方发言的机会，不断地打断对方，对他们的想法和做法提出质疑。最后，她拿出自己的方案给老板看，并且滔滔不绝地解释她的方案比另一套方案的高明之处。

老板等她讲完之后，看了看鸦雀无声并且脸色异常难看的其他人说：“你的方案的确很独特，很有价值，但是，我还是决定用另一套方案。希望下次，你能把你自己的想法融入集体中来。”

散会后，刚要离开会议室的小薇看到所有的同事看她的眼光都有些异样，她大步离开，将非议都置之度外。可是后来，她发现她越来越难以呆下去了，所有的同事都不理她、都排挤她，即使她真的比别人优秀。忍无可忍的她，最后辞职了。

辞职后，在家养精蓄锐的小薇经常在迷惑：为什么我刚刚就业就失业了呢？

都说漂亮女孩子，是“带刺”的玫瑰，只能远观，不可近看。那么，在职场中也要做一朵带刺的“玫瑰”吗？答案当然是否定的。

要在职场取得成功对任何人来说都不是容易的，何况初出茅庐的年轻女孩儿。这是一个残酷的世界，充满了竞争。你不能实现梦想、到达成功彼岸的一个很大的障碍因素就是你还是职场中的“局外人”，你还没有融入“主流”。

若想不做“局外人”早日驶向成功的彼岸，那就试试下面七种策略和技巧吧：

1. 对同事的工作表示感兴趣

别只顾着扫自己门前的雪，要经常关心同事的工作、问题、受到的挫折等关心，虽然这只是很小的一件事情，但你所得到的回馈却是相当可观的。

2. 做个好的听众

我们常看到不少人随时都在高谈阔论，滔滔不绝，当别人提出话题时，便转头就走。工作中仔细听，代表我们专心、认真、细心、想把事做好；工作以外或休闲中多听，就能吸收很多不同的资讯。

3. 承认别人的价值成就

在职场中，一定要看到他人的长处和成就，并且予以承认和赞赏，千万不能有“他有什么了不起”、“那种小事，谁都可以做”、“他是他，我是我”的想法，这不仅会妨碍我们自己进步，还会制造隔阂。相反地，我们应该随时让别人知道在你眼中他很有份量。

4. 反思你自己。

不要因为以前不愉快的经历而对每个人都存有敌意。根据面临的新情况而作出具体判断。

5. 广交豪杰。

结交朋友，建立社交圈，寻求前辈的指导，对每个人来说都是基本的职业技巧，如果你是一个“局外人”，就必须放下你自己的架子，充满自信地参与社交活动，接受对你表示友好的人们的提议。

6. 善于表现自己。

让公司知道你可以做些什么。即使你是一个成就非凡的人，你也不要指望被别人发现或者认识。为了取得进展，你要让人们知道你是谁，你做了些什么。

7. 善于接受，不要牺牲。

让你的文化和公司文化相适应。要从局外人变成局内人，并且真实地对待你自己，你必须懂得“接受”和“牺牲”之间的区别。要认识到哪些文化特征是你不能放弃的，哪些是你愿意调适到符合公司文化的。不要把为公司文化而作出的每一种改变或调节视作放弃或让步，而要看成是适应新环境的一种方式。不要让你所在群体的其他人为你下结论，该在哪里画一条线。你得自己作出决定。

二　努力奋斗，搭建起属于自己的舞台

很多年轻的女孩子在遇到困难或者梦想无法实现时都会感叹命运不公，抱怨自己不是富二代、没有一个既有钱又有权的老爸，老板也看不到自己的长处、没有机会施展自己的抱负和才能。

我们与其这样抱怨，何不反过来想想呢？如果人人都有坚硬的后台，那么就算她成功了，所谓的成功又有多少意义呢？初涉职场，谁都是“打工妹”，有些人可能单纯地认为自己是在为别人工作、替别人赚钱，其实这种想法真的是大错特错了，你是在为自己工作，为自己的成功铺路搭桥。

公司是老板的，但是舞台是自己的，如果你认为自己是公司的赚钱工具而消极怠工、敷衍了事，那么你的成功之路恐怕会崎岖坎坷。在平凡的岗位上作出不平凡的贡献，这才是我们工作的价值所在。

吴先生是脚踏实地创造传统企业与向全新互联网经济拓展的中国企业家之优秀代表。

1975 年，年轻的吴先生从一名医护人员做起，通过高等教育自学英语

考试；随后于1985年7月进入IBM公司。从蓝领严格考试转入专业队伍，历任大客户销售代表、销售经理、IBM华南地区市场经理，1995年任IBM华南分公司总经理，由此开始为业界所瞩目。

1998年2月，吴先生离开她工作了整整12年的IBM，由IBM中国经销渠道总经理职务，受聘于微软大中华区CEO，登上职业经理人的一个高峰。1999年12月1日，加入TCL集团，成为TCL企业家团队中的重要一员。

1999年10月吴先生出版《逆风飞飏》一书，阐述了其职业生涯和在迅速发展的社会生活中个人的成长思路。《逆风飞飏》曾连续10个月名列畅销榜。以个人的作用进行评价，吴先生既是中国IT和互联网发展历程中的风云人物，更是投身于这一行业的年轻人争相学习的榜样，激励了无数人奋发向上。

在TCL，吴先生显示出中国目前最为渴求的优秀企业家素质：既能创立长远的战略架构；又能实在地以传统企业和企业家团队为基础，脚踏实地制定实施的策略，迅速将TCL拓展为中国信息产业的领导者。

2000年4月TCL提出"天地人家"发展战略。TCL成为全线互联网接入设备的主流厂商和增值服务商形象已初成格局。做为TCL信息产业集团的总经理，吴先生是"天地人家 伙伴天下"战略的初创参与者和主要实施推进者。TCL这一战略的制定和逐步实施直至成功，既可成为中国互联网发展上的重要一环，也可为中国企业在全球化的新经济发展中展现一个模式。吴先生毫不犹豫地认为这是她所融入的TCL企业家团队义不容辞的历史责任。

"至今从未后悔，更加兴致勃勃"。这是她在加入TCL一年后的自我表达，也正是吴先生企业家精神的准确概括。

身在职场的你应该明白，舞台，始终都是自己搭建起来的。即使是为别人打工，也一样可以创造出自己的价值。很多女孩在最开始总是信心满满，但是工作一段时间就会出现倦怠心理，迟到、早退、对工作掉以轻心，要知道，照这样下去失业是迟早的事。任何一个老板都不会喜欢消极、不思进取的员工。

你应该这么想，今天你是在为老板工作，但也是在为明天你做老板打基础。无论多么平凡的岗位、多么枯燥的工作，都要认真对待，有付出才会有收获。女孩，学会加强自己的主人翁意识，在其位，谋其政，认真对待自己的工作。在别人的地盘上，给自己搭建一个舞台。

三 做新人，更要做“有心人”

新人，是职场不可或缺的元素。因为她们能带来不一样的东西，因为她们年轻、有活力，更因为她们较强的好奇心和冒险精神能让公司进入另一个不一样的轨迹。所以，职场中要有新人。

但是，你若徒有一腔抱负，却抓不住任何机遇，试问你的“新”还能激起企业对你的注意吗？

一家大公司需要招聘办公室副主任，在省城的好几家大报上登出了“高薪诚聘”内容的广告。月薪4000元的确具有不小的诱惑力，一时间应者如云，有近百人报名参加初试，其中不乏硕士生和许多有工作经验者。

初试之后，又经过了三轮面试，最后确定由三人参加最后一轮面试。他们是：一个硕士毕业生、一个应届本科毕业生和另外一个有着五年相关工作经验的年轻人。

最后的面试由总经理亲自把关：跟三位应聘者逐个进行交谈。面试的房子是临时腾出来的，设在人事部的一间小办公室里。等谈话要开始了，才发现室内恰好少了一把供应聘者坐下来跟总经理交谈的椅子。办事人员正要到隔壁办公室去借一把椅子，总经理挥手制止了他：“别去了，就这样吧！”

第一位进来的是那位硕士生。总经理对他说的第一句话是：“你好，请坐。”他看着自己周围，发现并没有椅子，充满笑意的脸上立即显出了些许茫然和尴尬。

“请坐下来谈。”总经理又微笑着对他说，他脸上的尴尬显得更浓了，有些不知所措，略做思索，他谦卑地笑着说：“没关系，我就站着吧！”

接下来就轮到年轻人，他环顾左右，发现并没有可供自己坐的椅子，也是一脸谦卑地笑：“不用了不用了，我就站着吧！”

总经理微笑着说：“还是坐下来谈吧！”

年轻人很茫然，回头看了看身后，“可是……”

总经理似乎恍然大悟，说：“啊，请原谅我们工作上的疏忽。那好，您就委屈一下，我们站着谈吧！不过，很快就完的。”

几分钟后，那个应届毕业生进来了。总经理的第一句话仍然是：“你好，请坐。”

大学生看看周围没有椅子，愣了一下，立即微笑着请示总经理：“您好，我可以把外面的椅子搬一把进来吗?”

总经理脸上的笑容舒展开来，温和地说：“为什么不可以?”

大学生就到外面搬来了一把椅子坐下来，和总经理有礼有节地完成了后面的谈话。

最后一轮面试结束后，总经理留用了这位应届的大学毕业生。总经理的理由很简单：我们需要的是有思想、有主见的人，没有自己的思想和主见，一切的学识和经验都毫无价值。

事实也证明总经理的判断准确无误。仅仅半年之后，应届毕业生就成为了总经理助理，成为公司中最年轻的高层管理人员。

其实，有时候，成功并不是一件多么难的事，它可能离你就一步之遥，只是你没发现通向它的大道，或者，你根本忽略了某些你认为微小到可以忽略不计的细节。“细节决定成败”不是没有道理。

在职场上做个细心的人，留心观察身边的一切，每一个细节都有可能是把你带向成功彼岸的船只。而那只桨，则是你那颗懂得观察并且会利用时机的心。

四　确立目标，做好你的职业规划

日常生活中，很多女孩子对自己的职业自己的未来很盲目，对工作对生活没有明确的目标，每天都只是在重复着昨天，日子过得平平淡淡，没有一丝波澜。也许，她们认为安稳才是真，殊不知，这种安稳会把女人的斗志扼杀在萌芽中，让其一生都平凡如最初。

小朱本来是一个典型的职业女性，她本科毕业后来到上海一家宣传公司做业务助理，繁杂的工作让她逐渐生厌，在公司的发展空间又小，于是两年后她选择离开。

之后小朱又到了一个教育机构做会计，同样因为越做越觉得没意思，很快她就再次离开了这个单位。

工作的不顺利，让她萌生了继续深造的想法。怀着对深造的憧憬和对未来职业发展的美好规划，她不惜花几年的时间重归校园。两年后小朱获取北京一所名校的市场营销的硕士学位，接下来的3年小朱继续攻读国际管理专业的博士，并最终拿到博士学位，胸有成竹地走进人才市场。

但是，现在国内的就业形势是小朱没有预计到的。如今高学历女孩不愁找不到工作的情况已经不复存在。在她求职的过程中，很多公司以没有工作经验为由，没有录用高学历的她。几经挫折，小朱似乎意识到自己的一腔热血和美好蓝图已经变成泡影。她花了大成本辛辛苦苦深造镀金，可是应聘情况却与自己的想象大相径庭。缺乏经验的确是小朱这样的高学历女性的一根软肋，但是捧着博士文凭，她又不甘心接受一般的职位、薪水。所以只能继续在人头攒动的招聘会进进出出，盲目不安地等待好机会的出现。

刚离开校园不久，或者刚刚在职场中找到自己角色的女孩子，对生活对社会充满茫然，工作上遇到困难和挫折时更是不知所措，不知道自己到底想要什么，每日只是为了工作而工作，这个时候，做好你的职业规划就更显得尤为重要了。

因为一份合理的职业规划可以加快你的求职速度，可以降低求职成本，可以使你的工作持久性增强，可以提高你对其的满意度、可以充分提高你的个人职业竞争力、可以使你在步入职场之后获得更高的回报。

你如果想要给自己规划一个美好的未来，不妨从下面这些步骤开始：

首先，透彻地了解你自己。一个有效的职业生涯设计，必须是在充分且正确地认识自身的条件与相关环境的基础上进行。对自我及环境的了解越透彻，越能做好职业生涯设计。你需要审视自己、认识自己、了解自己、并做自我评估。

其次，要清楚目标，明确梦想。每个人眼前都有一个目标。这个目标至少在你本人看来是伟大的。没有切实可行的目标作驱动力，人们是很容易对现状妥协的。

再次，要制订行动方案。通常职业生涯方向的选择需要考虑以下三个问题：

1. 我想往哪方面发展？

2. 我能往哪方面发展？

3. 我可以往哪方面发展？

最后，停止梦想，开始行动。行动——这是所有生涯设计中最艰难的一个步骤，因为行动就意味着你要停止梦想而切实地开始行动。如果动机不转换成行动，动机终归是动机，目标也只能停留在梦想阶段。

如果你做到了这些，那就赶快开始行动吧，别把自己的梦想只写在纸上，趁着自己年轻，趁着这大好的青春大好的时光，好好的奋斗一次、拼搏一次吧，通向成功的大道并不是只有一条，你也应该活出你自己的特色！

五 眼光放高一点，脚步踩实一点

很多年轻的女孩子在职场中很容易犯的一个错误：就是无法摆正自己的位置，找不到自己的坐标。给自己定的位置太高，而又不满足于现在的状况，总想着怎样能平步青云，这种急功近利的想法非但对你没有任何好处，还会让你对残酷的现实越来越失望。以至于最后，被现实和自己内心权益的煎熬削平了棱角，磨光了意志。

刚毕业时，小云一直渴望做一个成功的高级白领。她以为凭借自己优秀的成绩和大学期间积累的社会实践经验，一定可以实现自己的梦想。于是她豪情万丈地去应聘高级职位，可是无论她说得多么有条有理滔滔不绝，人家就是不买账，“没经验，小小年纪就想当高管，还是从基层做起吧。”可是当时的她根本就不屑于做小事，让自己从基层做起，她觉得“屈才”。

当遭受到一次次打击后，她开始反省自己是否把目标定得过高。在一个朋友的劝说下，她转变了之前的想法。一步登天的事情不会有，还是先从基层做起，一步步来吧。于是她应聘了一家小公司，做起财会。

进去之后，她被安排做统计，对于这样的事她不再像以前那样不屑一顾，而是认真细心、精益求精地去做。这样一来，她深受老板信任，三个月后就被调去搞财务，后来又一步一步干到财务主管。做财务主管时，时间相对宽裕，她又抽时间去学人事，慢慢地人事业务又弄熟了。

后来她被调到人事处做主管，与车间打交道多了，就对生产管理知识和工艺流程格外留心，特别是能运用财务专业知识分析成本、控制品质。后来凭着积累下来的经验，她直接跳槽到一家大公司，顺利应聘上了生产主管。

现在，她在一家外企做总经理特别助理，然而她并没有因此而满足，她的每一步都走得很稳，一点一点地靠近她当初的梦想。“如今，人事、财务、生产这三大块我都已有了一定的认识，做个副总经理应该没问题，将来有了资金，就自己做老板。”她自信地说。

很多女孩刚入职场时，心里都有一个很大很华丽的目标，但被残酷的职场现实接二连三打击之后，便丧失了自信，觉得自己以前的目标无异于痴人说梦，于是便选择了放弃。

古人云：千里之行，始于足下。只有做好身边的每一件事，最终才能干成大事。有的事业心极强的女孩可能说要干就干大事，干小事有什么用？这句话是错误的，我们都知道达·芬奇的故事：他从小学画画，老师只让他画鸡蛋，他很不耐烦，很不屑一顾，觉得自己的才华得不到施展。但老师说，世上没有相同的鸡蛋，想画好鸡蛋是很不容易的。他听了老师的教诲，从此反复练习画鸡蛋，就是靠着从小事做起的认真习惯，最终才成为一代艺术大师。

心中怀有远大志向是不错的，但是你不可能一步登天，必须一步步地走，才能为将来的成功做好铺垫。俗话说的好：不积跬步无以致千里；不积小流无以成江海。把眼光放得长远一点，但是脚步得踩得低一点，一定要戒骄戒躁，不要心高气傲，踏踏实实的从当下每一件小事做起，慢慢来，要知道，成就一番作为并不是一朝一夕的事情。

其实，给自己定一个宏伟的目标没有错，它可以鞭策我们不断向前，可以给我们奋斗的动力和方向，但是这个宏伟的目标要切合实际。年轻的女孩，要把自己看得高一点，但是还是要从小事做起从最基本的做起。

六　少发牢骚多做事

日常生活中，我们经常会听到类似这样的话：有什么了不起，换了我，我也可以；如果给我一个机会，我肯定做得比谁都好；总有一天，我会让他们看到我的实力。

这就是所谓的“嘴上的功夫”。

孔子在《论语》里一共两次提到“敏于行而慎于言”，可见孔子对少说多做十分重视。有人说，少说多做岂不是吃亏了。其实，少说多做，正是聪明人的表现。

少说，不是不说，而是不瞎说、胡说。这一点，恰恰是很多职场新手容易犯的毛病，因为她们太急于表现自己。要做到这一点，一点也不轻松，因为你要永远大脑比嘴巴快，而很多人的习惯是嘴巴比大脑快。当上司给你指派任务时，当你推销产品时，当你和商业伙伴谈合同时……切忌：说话要慢一点，再慢一点。以便让自己留有余地。这里不是在教二十几岁的女孩要滑头，而是希望年轻的女孩们能避免“无法兑现承诺”的糟糕局面。

小张是一家外资企业财务科的一名普通员工，工作已经将近3年了，但一直没有得到机会晋升。她本来就自认不凡，心中有一番抱负，这种平庸得没有一丝波澜的日子有时候让她很不甘心，一个偶然的机会让她的事业出现了转机。

一次，她在整理公司的账目时发现，有一笔多年的旧账没有结清，那是一笔很大的数目，因为对方公司的效益不好，所以小张的公司多次去要账也没有结果，因而也就放了下来。

于是，小张就想：机会是不是就来了呢？她如果发挥女性特有的“软磨硬泡”功是不是可以为公司要回这笔款？心动不如行动，小张被自己的想法鼓动起来了，她向经理主动请缨去要这笔账。

得到许可后，她直接住到了欠账公司的那个城市，每天去要。当她在那个城市住到第三个月时，那个公司的老总终于被她磨“疲”了，就大笔一挥，把欠款全部还了。

经理本来就没有对她抱有什么希望，到底是陈年老账了，况且公司已经打算做出牺牲了，他只是拗不过小张才点头答应的，可是出乎意料的小张却要回了那笔帐，而且一分不少。这是一件新闻，公司里所有的人都有点佩服她的耐心和“磨”功了。

半年后，财务科长升职调走了，小张理所当然地填补了这个空缺。

高尔基说过，如果你们，年轻的人们，真正希望过“很宽阔，很美好的生活”，就创造它吧，和那些正在英勇地建立空前未有的、宏伟的事业的人携手去工作吧。

每个年轻的女孩子都有永不满足、追求向上的欲望。没有谁甘愿永远生活在别人的光辉之下；甘愿日复一日、长年累月地重复着昨天；也没有谁愿意一个职位做到老。

女性在职场中的位置，事业所能达到的高度，和学历的高低、人际关系的好坏有一定的关系，但这些只能助你一臂之力，却不能起到根本作用。最根本的方法是拿出自己的实力，用能力说话，而不是用嘴巴。

你也许会有些犹豫：如果接到一些“不可能完成的任务”时怎么办呢？其实，这时你的态度比答案更重要。例如：你的上司让你今晚必须赶出一个方案，这是有难度的，你可以说：“今晚就赶出这个方案时间确实有点紧，但我会尽力去做，不过如果能多一点时间的话，我想我会做得更好些。”领导听了，也会赞赏你积极的态度。

记住：少发牢骚多做事，殊不知不经意的一句话就可能卷入复杂的人事斗争，而且你也给不出好的解决方案。多说无益，一定要多做，多做当然指办事迅速、有效率。当你接到一个任务就赶快去做吧，能做到多好就

做到多好，能做到多快就做到多快。不要小看任何一件“小事”，它都意味着是一次机会。

七　适时服从，恰当拒绝

初涉职场，新鲜人大都会受到“不一样”的待遇，那就是拿比别人少的工资，却做比别人多的事情。有些女孩子可能任劳任怨，觉得这也是一个锻炼自己的机会，每天默默无闻地拿着微薄的工资，做着这些额外的工作；而有些女孩子就会抱怨了：凭什么呀？欺负我是新人，什么都不懂吗？可是抱怨归抱怨，到头来还是服从了“安排”。

小静刚刚走出校园就谋到了一份不错的工作，在一家医药公司做了销售代理，由于自己初来乍到，她对工作勤勤恳恳，兢兢业业，生怕出了半点儿漏子让她痛失这个大好时机。

可是，她发现公司似乎有点“重视”她这个新的销售代理，还没在公司站稳脚就已经“身兼数职”了，每天除了完成自己的工作外，还要给直接领导、间接领导“帮忙”，让她“学习新的东西”。

整日忙碌的陈静有时候身心俱疲，她不禁纳闷儿：我只是一个销售代理，为什么秘书的工作也要我做呢？

在这里，就牵扯到一个“服从”和“拒绝”的问题了。对领导什么样的安排要服从、什么样的安排要拒绝呢？年轻女孩往往把握不住这二者之间的度，为了一份工作勤勤恳恳，对领导更是唯命是从，根本不知道自己有什么义务，有什么权利。整日只知道埋头于工作中，像一台机器一般，被老板操纵着。

对工作认真负责、力求上进固然是好，可是，谁也不是机器，在考虑你要不要做额外工作之前，请先努力做好你份内的事情，如果你的份内工作都做不好，就别抱怨老板让你打杂了。

有时候，老板难免会让你加班，让你身兼数职，这个时候，你就要站出来了，你不如少给你老板绕弯子，可以问问老板，你现在的工作怎么样，如果老板说可以，你应该告诉他，你对你所做的工作已经竭尽全力了，如果再做更多的工作，怕是做不好，影响了工作。如果确实要让你来做，你可以试一试，就是利用业余时间也会尽力做好的，不过待遇是否可以适当的提高。你现在工作比较紧张，也比较卖力，就是经济比较紧，如果老板考虑给你适当增加收入，就是给你增加宵夜补助。那样的话，你会把工作做到更好的。老板应该是不笨的，适当的时候他会考虑给你增加待遇的。

有些人可能认为，拒绝别人，尤其是自己的上司，是一件很伤面子的事情，弄不好还会鸡飞蛋打。其实，事实不是这样的，你若想别人把你看得高一点，你就先得把自己看得高一点，如果你对老板的所有指示都持服从态度，时间久了，老板难免会觉得也许你的能力就是如此，就会无形中在心里给你定个位。

事实上，聪明、高情商的女孩懂得在职场中变通，更懂得坚守一定的原则。在工作中应该学会服从上司的安排，但其他方面更要学会以诚相待、不卑不亢，该拒绝的时候一定果断拒绝。其实，拒绝上司并非一定是坏事。许多时候你的拒绝会让上司发现你的成熟矜持，让他对你产生敬重，反而有助于抬高你在他心中的地位。

八　摆正关系，为人下属大有学问

小白其实是一个叛逆心很强的女孩，喜欢自由，追求个性，但在社会这个熔炉里修炼了几个年头之后，她学会了在领导面前做一个乖巧听话的下属。虽然骨子里那种反叛的精神还是挥之不去，但只要身在公司，老板说怎么做好，她就会揣摩着老板的心思努力做出他想要的结果。

小白不会像那些恃才傲物、锋芒毕露的年轻女孩那样以为和领导对抗是彰显自己的个性，会让老板看到自己跟别人不一样的地方，挖掘她们能带给公司的新元素。殊不知这样只会让自己以后的路更加难走。她深知“胳膊拧不过大腿”，“人在屋檐下，怎能不低头”的道理，因此总是能顺从地接受领导的想法，用恭敬的态度来显示对领导的尊重。

有些时候，针对某个事情老板如果拿不出满意的解决方案，会征求属下的意见，而小白深知老板只是在给自己拉票，偶尔她有比这更好的方案时，她也从不直接说出来，而是只说一半，引导领导把另一半说出来。这样老板的面子上就会挂得住，不会觉得一个小职员的能力竟然还凌驾于他之上。

当然，小白的付出不是白费的，对于她这样一个谦逊有礼的下属，领导自然信任有加，有好事也会首先考虑到她。在同事面前，就算是自己不喜欢的人，她也不会表露出来，而是和每一个人都搞好关系。一次，一个她很不喜欢的同事让她帮忙加班，说是家里有急事，虽然小白心里极为不愿意，但想想自己也没急事，帮一忙也是有益无害，于是就爽快地答应了下来。事有凑巧，帮别人加班的小白被老板看见了，当老板安慰着她时，她很诚恳地表示让老板放心，自己肯定完成任务。老板这下就更欣赏小白了，不仅如此，那个同事还因此特别感谢她，以后有什么事儿总是帮着她。

聪明的女孩深谙上下级之道，遇到问题自己有好的解决方案，懂得怎样说话可以使老板顺着自己的思路来。这样高情商女孩碰的壁一定比较少。但是相反的，那些不懂得掩饰自己、在老板面前锋芒毕露的女孩遭到的待遇就大不相同了，也许努力了很多年，付出了很多精力、时间和青春，却还是原地踏步，梦想还是浮在云端，遥不可及。

一定要学会在老板面前做一个乖巧听话的下属，因为没有一个领导愿意看到自己的决定权被僭越，看到下属比自己聪明。那么，到底怎样在老板面前“表现”好呢？

首先要注意说话的时机，就是成事不说、遂事不谏。

成事不说就是领导已经决定的事情就不要评价，不要给出自己的想法和建议，无论你认为这些想法和建议对公司有多么大的好处，始终都要坚持不说的原则。但是在老板决定以前一定要把自己的想法说出来，因为这是你的职责，决定事情是老板的事，我们要认清自己的职位和存在价值，不要给出超越职权的建议和想法，否则，受伤的只是你自己。

遂事不谏就是说老板正在做的事情，不要去劝谏。如果他是错的，就让他错到底，最后再来总结和检讨。没有人喜欢自己正在做的事情被打断、横空插入别的因素，何况是下属打断老板呢？

其次要学会不同的事情用不同的说法。好事情，要用播新闻的方式；坏事情，要先说结果。先讲结果，你和老板之间就有了沟通的底线，剩下的时间就可以用来沟通怎样解决问题了。

一定要摆正关系，作为下属，得清楚自己的身份，你就是下属，不能凌驾于领导之上。如果你学会了怎样在老板面前说话，懂得了掩饰自己的锋芒，知道了怎样收放自如，那么，你就可以在这个复杂多变的社会中站稳脚了。

九 保持清醒，别被恭维冲昏了头

所有的人都喜欢听好听的话，因为动听的赞美能提升人的信心、能使人心情愉快、能给人前进的动力。但是，动听的话若是说的过了，就成了恭维，而不是赞美。

在职场中也是一样，同事之间经常会互相赞美、互相恭维。对于这些恭维的话，我们要区别对待，因为那些甜言蜜语很有可能是障眼法，年轻的女孩涉世未深，心地还很单纯善良，千万不要中了别人的计。

欧洲某国的一位著名的女高音歌唱家，仅仅30岁就已经誉满全球，而且她拥有一位如意的郎君和一个美满幸福的家庭。一次她举行完一个成功的音乐会后，歌唱家和丈夫、儿子被一群狂热的观众团团围住。人们七嘴八舌地与歌唱家攀谈起来，赞美与羡慕之词洋溢了整个会场。

有的人恭维歌唱家少年得志，大学刚毕业就走进了国家级剧院，成了一名主要演员；有的人恭维歌唱家25岁就被评为世界十大女高音之一，年轻有为；也有的人恭维歌唱家有一个优秀的丈夫，而膝下又有下活泼可爱脸上永远洋溢着笑容的小男孩。

在人们议论的时候，歌唱家只是静静地听，什么也没有表示。当大家把话说完后，她才缓缓地说："首先我要谢谢大家对我和我家人的赞美，我希望在这些方面能够和你们共享快乐。但是，你们只看到了一个方面，另一方面你们没有看到，那就是你们夸奖的活泼可爱的脸上总带着微笑的小男孩不幸是一个不会说话的哑巴，而且他还有一个经常要被关在屋里的精神分裂的姐姐。"

人们震惊了，你看看我，我看看你，似乎很难接受这样的事实。这时，歌唱家又心平气和地对人们说："这一切说明什么呢？恐怕只能说明一个道理，那就是，上帝是公平的，给谁的都不会太多。"

很明显，这些狂热的粉丝们在恭维女歌唱家之前并不了解实情，他们只是在挑好听的、褒义的话来讲，如果这位女歌唱家的修养不够好，必定会把这些话抛之脑后，但是，恰恰相反，她却站在那些华丽的话语上面给人们讲述了一个再简单不过却总是容易被忽略的道理。

刚刚步入职场的新人，浑身都散发着朝气、新元素，在职场中，难免会收到很多恭维的话，但是切记，职场新人最忌讳的就是浮躁，而同事的恭维正是浮躁的导火索。不要因为取得了一点小小的成绩就沾沾自喜，在别人的恭维面前，要保持谦虚和谨慎，尤其是和你有利害关系的同事，对待他们的恭维，你更要加倍小心。

俗话说：职场如战场。身在其中的你，如果调整不好心态，把自己看的太高，对同事的恭维话信以为真，那么你就会给自己养成狂妄自大、一意孤行的毛病。这样，时日一久，输的还是你自己。

女孩，别把自己关在自命不凡的城堡里，更不要被你的竞争对手用恭维话当"糖衣炮弹"把你给迷惑了，你要时刻保持清醒，把真正对你成长有利的良言留下，把那些刻意的恭维从脑袋里过滤掉。不要因为别人的一句赞美而迷失自我。

十　远离是非，避开派别纷争

小丽是刚刚毕业的大学生，很有能力的她，性格开朗活泼，为人也极为豪爽正直，但是没想到工作之后，还是不可避免地遭遇办公室政治。

上班第一天，她刚刚踏进这家国企的门，就敏锐地觉察到人事上的刀光剑影，各个部门内分别以地域、学校、性情等渊源划分为几个派别。可想而知，工作中少不了明争暗斗，处处磕磕绊绊。明明是每天抬头不见低头见的同事，却都没把心思用在工作上，甲说东，乙偏要说西，并不是为了原则，而纯粹是为了反对而反对，为了突出自己而反对，对此老板也没办法，为了维持运转，只好睁一只眼闭一只眼。

小丽很快就表明立场，只求将本职工作做好，拒绝加入任何一方，结果可想而知——她成了众矢之的，各个帮派都跟她过不去，一天到晚的刁难她，她的工作根本无法开展。无奈之下，她跟老板谈了一次，老板虽然也感到头疼，但由于体制的原因也无能为力，只希望小丽能自己找到角色，快速投入到工作中去。拿到这样的结果，小丽很是气愤：她大好的青春难道就这样在尔虞我诈、钩心斗角的办公室政治中浪费掉吗？于是，决然的她向老板递交了辞呈，离开了那个是非之地。

办公室政治早就不是一个新名词了，它就是指办公室人际关系的竞争，是能力和智慧的体现，是没有硝烟的战争。简而言之，就是你应对进退的分寸拿捏，是害人之心不可有、防人之心不可无的谋略。

在一个办公室中，想不牵涉入其中几乎不可能。但是，你应该时刻提醒自己，千万不要融入“派别纷争”，更不能拉帮结派。

事实上，办公室政治表面看上谁跟谁好，谁跟谁一派，是人际关系，实质却是为获得并保障自身利益的权力。有人的地方就存在利益分配，就会存在政治，企业办公室作为一种经济谋利组织，大家聚在一起就是为了谋利益，自然也不能免俗，甚至有此风颇盛之事实。

办公室是个小社会，不像学校和家庭那么单纯。在办公室混饭吃的人很少能感觉到做人的轻松与悠闲。职场中固然充满着世俗的体面和晋升的诱惑，但也充满了人际的诡谲、攀爬的艰辛和竞争的陷阱。

办公室作为一个团队，是人的结合，每个人都有自己的优先顺序和利害关系，你是其中一员，如果不学会协调人与人之间的关系，玩儿不转“办公室的政治游戏”，是很难平步青云的。即使你拥有一身过硬的本领或像爱因斯坦那样聪明，也要学着了解办公室的生态环境，才能在办公室的政治游戏中，保护自己不受伤害。

千万不能融入这种“派别纷争”，不要妄想通过这种方式得到前辈们的“提携”，时刻和那些明争暗斗保持距离，记住：你要是一块好钢，谁也压不垮你。学着聪明点，避免成为派别中的一员，远离单位里既成事实的每个利益团体，因为一旦是非的旋涡袭来，一定会将自己无情地吞噬。

成为集体的一员而不是办公室某特殊派别中的一员，是一项明智的选择，而往往就是这些不喜欢搞办公室政治的人，可能最后“渔翁得利”。

十一　端正态度，找到工作的快乐

其实很多时候，决定事情好坏、有利无利的因素并不是事情本身，也不是你付出了多少，当然，确实跟它们有不可磨灭的关系，但是，你对待这件事情的态度和你本身所拥有的能力则是起着决定性的作用。

美国漫画家罗素·迈尔斯因系列漫画《女巫希尔达》而知名。在他的一集漫画中，绿衣女巫希尔达正站在悬崖边远望，秃鹫吉劳德站在悬崖对面，向希尔达招手："到这边来吧，我们一起玩!"希尔达有些动心，然而看看脚下的峡谷，她犹豫了："可是我跳不了这么远!"吉劳德回答："不要用消极思维打败自己。我正在写一本书，是关于积极思维的力量。我在书里证实，只要你有正确的态度，就能做成任何事情!"希尔达一边打量着他们之间的巨大鸿沟，一边思考着吉劳德的鼓动。吉劳德再次激励她："告诉自己你做得到，行动起来!"希尔达自信心极度膨胀，热血沸腾地喊道："好吧，我来了!"她后退几步，助跑，大步跃出……然后一直掉下去。吉劳德镇静地站在悬崖边上，眼看着希尔达落入峡谷中，渐渐变得只有铅笔尖那么大。然后他转身走开，自言自语道："看来我应该在书里加一章，教你如何锻炼腿部肌肉。"

我们经常听说"态度决定一切"，但这并不意味着你能达到自己设立的任何目标。只有那些投入时间锻炼能力的人，才有可能实现自己的目标。相信自己做得到固然好，但是不要忘记提高自己的能力。

有这样一个小故事：

老太太有两个儿子，一个染布，一个卖伞。雨天，她为染布的儿子发愁，晴天，又为卖伞的儿子发愁。

这是为什么呢？原来她天天犯愁是因为：天下雨了，她愁大儿子的布晾不干；天晴了，她愁二儿子的伞卖不出去。下雨她发愁，出太阳她也发愁。

后来，有一个智者对她说，你换一种思维方式，反过来看不是很好的事吗？晴天，一个儿子可染布，雨天，另一个儿子可卖伞，岂不是天天快乐如意？

老太太听了智者的话，觉得豁然开朗，从此她天天都快乐无比。

有时让我们快乐的并不是事物本身，而是我们对事物的看法。我们对待工作的态度将很大程度上决定我们是否快乐。心若改变，心态就会变。心态改变，工作的心情就会变！如果我们能重新审视工作的优点和缺点，改变一下看工作的角度，换一种对待工作的态度，往往就能像故事里的老太太一样，重新感受到工作原本就有的快乐。

苏联诗人马雅可夫斯基提出：“工作中，要把每一件小事，都和远大的固定的目标结合起来。”如果你能将工作与自己的长期、中期和短期目标联系起来，那么工作中的每一件小事都会变得很有意义。当发现个人的目标融入工作时，你就会发现公司是你施展个人才华和实现个人目标的舞台，你就能从日常的平凡工作中找到成就感和归属感。

别经常把牢骚挂在嘴边，如果你能不断从平凡的工作中发现它的价值所在，转变对工作的态度，你就能重新燃起对工作的热情，学到东西，补充到经验、知识和技能，那么你最终会在工作中锻炼自己，让自己不断成熟、强大。

十二　把握机会，别让它在手中溜走

小芳和小敏是一对好朋友，大学四年的“同舍情”给她们的友谊埋下了深深的根基，可是，原来不相上下的她们毕业后的生活却有了天壤之别。

同在一家公司做设计师的她们，地位悬殊还是由于一次产品的样品设计。小芳刚进公司的时候跟着一个师哥做过一次设计图，算是有一点经验，所以对这次的设计图很有把握，经过数天“关门闭户”的努力，她终于做出了一张满意的设计图，可是这个时候，她发现这次的竞争对手不是另一个同事，而是好朋友小敏，而且，曾在学校出类拔萃的她做得相当棒。

她犹豫了：她承认，她们俩的设计图一时很让人难决高下，谁都有百分之五十的希望，但是，很久没有做出东西的小敏显然很看重这次机会，作为好朋友，她要不要给小敏让一次路？

矛盾的小芳最后决定牺牲自己来维护友谊。

没有出乎意料，小敏的设计图一路斩五关过六将，最后以全票通过。小芳为小敏感到由衷的高兴，可是时间长了，她却越来越高兴不起来。原来，那次的设计让老板发掘了小敏的才华，觉得她是公司不可多得人才，对她很是器重，甚至决定由公司出资让小敏去法国深造两年。

小芳有时候欲哭无泪，同样是不相上下的她们，地位真的就要这么悬殊吗？难道，她的“孔融让梨”让错了？

显然，故事中的小芳在机遇来敲门时没有给予积极的回应，也许她根本没有意识到那是一次不可多得的机遇。

俗话说：机遇，可遇不可求。如果你一旦被幸运之神眷顾，那么，千万不要犹豫，要勇敢地上前抓住它。试看古今中外，有哪个名人不是在机遇降临之时勇敢地挺身而出的？

世界酒店大王希尔顿，早年追随掘金热潮到丹麦掘金，他没有别人幸运，没有掘出一块金子，可他却得到了上天的另一种眷顾。当他失望地准备回家时，他发现了一个比黄金还要珍贵的商机，也迅速地把握住了它。当别人都忙于掘金之时他却忙于建旅店，他顿时成了有钱人，也为他日后在酒店业的成功奠定了基础。

中国首富李嘉诚，他的成功在于对时机的把握。改革开放初期，社会还相对落后，土地也没有现在这样的“寸土必争”。但就是在这样的环境下，李嘉诚把握住了商机，在自己并不富裕的情况下借巨款购买了大量的地皮，这样的举动需要多大的勇气和智慧啊。也正是这次常人想都不敢想的投资使他发家起业，成为了亚洲地产大亨。

机遇，就是极好的机会。它往往只是偶然的，稍纵即逝。所以千万不要对它掉以轻心，也许一个貌似不起眼的机会，就是改变你命运的转折点，千万不要做好人，学“孔融让梨”，即使对方是好朋友也不能，谁都希望自己的梦想能实现，谁都希望比别人过得好一点，自私一点没有错。自私，从某种意义上并不是一个贬义词，自私是变相地对自己好。这个社会不缺“奉献女神”，况且，你的奉献只是在为别人的幸福生活打基础。

十三　记住，你需要的不止是薪水

小林是一所名校里的高材生，毕业前夕，她在网上注册了简历，于是很多公司向她抛出了橄榄枝，她选了一家薪水较高的私营企业。

这个私营企业的经理文化程度虽然比她较低一点儿，但是却十分尊重人才，对小林总是笑脸相迎、十分器重。

小林很受感动，决定尽心尽力，为公司贡献自己的才学。但不久以后她发现，经理虽尊重自己，却从不安排自己做实际的工作，而是常常带自己去赴商界朋友们的宴席，打高尔夫等等。

小林渐渐感觉到，老板是把自己当成一件"活首饰"，自己成为老板赖以赚取虚荣的工具，因为每次在社交场合，老板都不忘把她介绍给商友："这是我聘请的某名牌大学的经济学高材生……"小林认为这样下去自己除了薪水之外，什么也得不到，于是她向经理递交了辞呈。

经理很惊讶："我给你的报酬还不够高吗?"

小林摇摇头说："我不是为了高薪的报酬，工作本身就是一种报酬。"

在我们的生活中，很多女孩认为工作的目的就是为了薪水。她们对自己抱有很高的期望值，认为自己应该得到领导的重用和丰厚的报酬。而当现实与自己所期望的出现偏差时，她们往往会逃避工作，在工作过程中敷衍了事，发泄自己对老板的不满。

可是，如果你只知道赚钱，只考虑到用薪水来衡量你的付出，那么，你的生活就会变得像是一个保险箱，只知道要把值钱的东西放进去，却什么也拿不出来。想想，沦为金钱的奴隶，每天都被金钱的流动走向左右着，那是多么的可怕啊!

美国某教授有两个十分优秀的刚毕业的学生，两个人的兴趣和爱好很相似，对他们来说，找个有发展潜力的工作是轻而易举的事。当时，这个教授有个朋友创办了一家小型公司，委托教授为他物色一个适当的人选做助理，教授建议他这两个学生去试试看。

这两个学生分别去应聘。第一位前去应聘的学生名叫墨尔，面谈结束几天后，他打电话向教授说："您的朋友太苛刻了，他居然只肯给月薪600美元，我才不去为他工作呢！现在，我已经在另一家公司上班了，月薪800美元。"

后来去的学生叫尼克，尽管开出的薪水也是600美元，尽管他有更多赚钱的机会，但是他却欣然接受了这份工作。当他将这个决定告诉教授时，教授问他："如此低的薪水，你不觉得太吃亏了吗?"

尼克说："我当然想赚更多的钱，但是我对您朋友的印象十分深刻，我觉得只要从他那里多学到一些本领，薪水低一些也是值得的。从长远的眼光来看，我在那里工作将会更有前途。"

薪水不是我们从工作中得到的最重要的东西，如果你以它为奋斗目标，那么你就会陷入一种平庸的生活模式，根本体验不到工作的快乐和意义所在。而恰恰相反，工作却能够丰富我们的经验，增长我们的智慧，激发我们的潜能，积累我们的人脉，让我们从中获得无穷的乐趣，这些都是让你终身受益的财富。

如果只为薪水而工作，没有更高尚的目标，并不是一种好的人生选择，受害最深的不是别人，而是自己。因为你总是在为自己到底能拿多少薪水而大伤脑筋，却看不到薪水背后可能获得的成长机会，无法意识到从工作中获得的技能和经验对自己的未来将会产生的影响。你要懂得从长远出发，看到工作背后的乐趣，那些经验和阅历的价值不是金钱可以衡量得出来的。

十四　把工作当成事业来做

有这样一个故事：

在一个小镇上，有三个石匠在砌墙，路人经过时问他们在做什么。

第一个石匠说：我每天都枯燥无味地搬石头砌墙。

第二个石匠说：我的工作很重要，我要把墙垒好，这样房子才结实。

第三个石匠则目光炯炯地说：我的责任十分重大，这是镇上的第一所教堂，我要将它建成百年的标志。

为什么是同一件事同一种工作，三个人却有三种截然不同的工作心态呢？显然，第一个石匠只是把自己的工作当做养家糊口工具，第二个石匠在自己的岗位上本本分分地尽着自己的职责，而第三个石匠却把自己的职业当成事业在经营。

生活中，我们经常会见到这样的两种人：一种经常加班充电却任劳任怨，而且一直在找机会往前冲往上爬，另一种则沉湎于安逸的生活中不求激情，只愿安稳平淡，偶尔碰上加班的事就怨气连天。

虽然一个人工作累了叫个苦本是情理之中，然而，这其中却蕴含着对工作的态度。叫苦的人把工作当成一种自己并不情愿的劳役，而不叫苦的人却把工作当成自己通向成功的一条必经之路。

那么，我们到底给“职业”和“事业”是怎样定位的呢？所谓“职业”就是个人在社会中所从事的作为主要生活来源的一项活动；而“事业”则是指人所从事的具有一定目标、规模和系统，对社会发展有影响的经济活动。

记得一位哲人说过：如果一个人能够把工作当成事业来做，那么他就成功了一半。然而不幸的是，对今天的一些人来说，工作却并不等于事业。在他们眼里，找工作、谋职业不过是为了养家糊口、混日子而已。

当今社会，职场人士承担着巨大的有形或无形的压力。许多年轻的女孩不尊重自己的工作，对自己的工作不满，觉得没什么意思，非常不快乐。她们认为自己是迫于无奈才选择了这份工作，或者，她们认为工作枯燥无味，完全不是自己所想象的情形。于是她们把工作当作一件苦差事，在工作中愁眉苦脸，不断叹气，在无聊中等待下班，在碌碌无为中虚度光阴，从热爱工作到应付工作再到逃避工作，很多人的职业生涯似乎都遇到了困境。

要懂得把你的职业当成事业一样经营。经营职业，要有经营的理念和态度。除了认真做好本职工作，完成组织的任务，更要把它看成是自己的事业，以做事业的态度对待职业，把自己的职业当成自己的事业，认真对待每天的工作，认真做好每件工作的每个环节，在达到领导满意的基础上，多一些创新的意识和创新的实践，不怕领导拒绝，不怕同事耻笑，更要战胜自己，战胜自己个性中不和谐的东西，积极完善自我，把自己个性魅力注入工作当中，通过工作展现自己的魅力。

把自己的职业生涯与工作联系起来，你就会觉得自己所从事的是一份有价值、有意义的工作，并且从中可以感觉到使命感和成就感，从而彻底改变浑浑噩噩的工作态度。因此，如果要想真正从工作中获得快乐，我们就该把工作当作是一种事业，而不是当作一种刻板、单调的苦差事。其实，在日常工作中，每一件事都值得我们去做。不要小看自己所做的每一件事，即便是最普通、最简单的事，也应该积极主动、全力以赴、尽职尽责地去完成。小任务的顺利完成，有利于你对大任务的成功把握，进而一步一个脚印地向上攀登，最后走向成功的彼岸。

第五章　仪容：

从女孩到女人的转身

一　美丽俏佳人的仪容密码

我国有句老话“人不可貌相，海水不可斗量”。意思是不要以人的仪容仪表评价人。但是，在现在的职场上，却万万不可忽视“仪容识人”的重要性。仪容，即人的容貌，它是个人仪表的重要组成部分之一。就个人的整体形象而言，容貌是整个仪表中的一个至关重要的环节，会直接影响到对方对自己的整体评价。

仪容反映着一个人的精神面貌、朝气与活力，是传达给接触对象感官的最直接、最生动的第一信息。它可以使人看上去精神焕发、神采飞扬，也可以使人看上去萎靡疲倦、无精打采。所以说，塑造良好的自我形象，首先应当考虑的便是仪容。

一般说来，仪容美包含三个方面的含义：

1. 自然美

指仪容的先天条件好，天生丽质，尽管以貌取人有失偏颇，但先天美好的仪容相貌，无疑会令人赏心悦目，感觉愉快。

2. 修饰美

指依照礼仪规范与个人条件，对仪容进行必要的修饰，扬长避短，设计、塑造出美好的个人形象，在人际交往中能令自己自信有神采。

3. 内在美

它是指通过努力学习，不断提高个人文化、艺术素养和思想、道德水准，培养出自己高雅的气质与美好的心灵，使自己秀外慧中，表里如一。

有些年轻的女孩，仗着自己年轻漂亮天生丽质，对仪容仪表满不在乎，认为那就是俗，都想活出真正的自我。于是，我们经常可以看到所谓的嘻哈颓废风游走在街头。想活出自己真正的本色没有错，但是还是要看场合。

“仪容识人”，在经济学上，是最节省成本，最行之有效的一种判断方式，在社会学上，也是其遵循的法则。没有令人信服的外表，又怎么吸引别人来探究你的能力呢？如果你是一个老板，你会放心把大订单的客户交给一个衣服总是皱巴巴的职员打理么？

一个人的衣着打扮代表着他的职业与品味，职场中的人必须牢记这一点，即将踏入职场的人，尤其需要记住这一点。

当你敲门进入面试场所时，招聘者第一眼看到的就是你的衣着打扮。无论约会，面试还是开会，第一印象都非常重要，印象的形成，85%以上是来自非语言信息，让自己看起来好一点，对于是否被录用有着很大的影响。当然，这也并不是说，你穿着得体，打扮合适就一定能通过面试，但有一点是肯定的：如果你衣着打扮不合适，就一定没有录用的机会。

我们不妨想象一下，如果在饭店里，你看到厨师油头垢面、穿着破牛仔裤和满是油的上衣，你还愿意在这家吃饭么？穿什么服装能够表现出你是一个怎样的人，如果你穿着剪裁简单的正装参加面试，不仅表现了你对招聘者的尊重，还能够给招聘者留下良好的印象。一张图片能够抵得上千言万语，看到总能比听到的印象深刻。

衣服代表着你的修养和品味，也代表着你对别人的尊重与否。这是一种有形的象征。许多人面试时心慌意乱。如果这个时候你能镇定心态，注意仪容仪表，穿着得体，面试时自然会给招聘者留下深刻的印象，从而有利于你脱颖而出。

20几岁，正是一个女孩展示自己美丽的最佳年纪。仪容，是一门女孩子万万不可掉以轻心的学问，如果你掌握了它，并且能够轻松的驾驭它，那么，人群中，你即使不是焦点，也是一大亮点。

二 从“头”做起，让秀发为你添彩

当下，头发的功能已不再单纯地表现人的性别，而是更全面地表现着一个人的道德修养、审美情趣、知识结构及行为规范。我们可以通过某人的发型准确地判断出其职业、身份、所受教育程度、生活状况及卫生习惯，更可以感受出其身心是否健康和对生活事业的态度，所以我们首先要“从头做起”。

修饰头发应当注意以下几个方面的问题：

1. 干净清洁

无论有无交际应酬活动，平日都要对头发勤于梳洗，保持卫生清洁，更不能忽略或疏于对头发的管理。通常情况下，夏季应当 1 至 2 天洗一次头发，冬季则至少 2 至 3 天洗一次。如有重要的公务活动，还应在活动前认真洗发、理发、梳发。但注意要在私下完成，绝不能当着他人进行。

2. 长短适中

从社交礼仪和审美的角度看，人的头发长度受到若干因素的制约。

（1）性别。

一般来说，普通大众都能接受女性剪短发，但仍对女性留过短的头发（如寸头）难以认同。

（2）身高。

头发的长度，在一定程度上和个人身高有关。头发的长度与身高应成正比。个子高，头发可留得长些；个子矮，头发不宜过长。

（3）年龄。

人有长幼之分，头发的长度亦受此影响。年龄渐大，头发要渐短。

（4）职业。

不同的职业对头发的长度有不同的要求。职场人员头发的长度要方便工作，符合工作的要求。

3. 适当美化

人们在修饰头发时，往往会有意识地运用某些技术手段对其进行美化，即所谓的美发。美发不仅要美观大方，而且要自然。美发的方法有很多，其中发型塑造最应受到重视。一般来说，个人的发型要与自己的发质、脸型、体型、年龄、服饰、性格、风格及工作环境等因素很好地结合起来，才能塑造整体美的形象。另外，染发如今也是比较常见的美发方法，需注意的是，所染发色不能过于夸张，要考虑工作岗位的要求。

俗话说“爱美之心，人皆有之”，几乎所有女孩子都梦想着自己能有一头柔顺自然而且富有光泽的秀发，可是，却有不少女孩子正在遭受头发发黄、分叉、暗淡无光的烦恼。其实，头发想要保持光泽亮丽，最重要的是含有充足的水份，一般头发约含 12 ~ 13% 的水份，若头发含水量过低，便容易毛燥、受到损害，正因为头发的保水能力相当弱，所以保养头发，最重要的是防止头发水份的流失，想要拥有亮丽的秀发，就一定要做好防护措施。

虽然有不少的人，选择到美发沙龙做护发的保养，但其实只要在家，定时做简单的护发，就可以得到一样的功效，何不省点钱在家自己动手，享受发质变好的过程呢？在家简易的护发，只要在洗发后，立刻涂抹上焗油膏或者发膜，再以热毛巾整个包住头发，大约 20 ~ 30 分钟即可，并不需要每次洗完头发都做。只要做好护发的工作，不但可以维护头发的湿润度，还可以帮助受损的发质及早复原！

下面小编教你几个简单的使头发变得柔顺的方法：

1. 配备小梳子，保持头发的飘逸 。

2. 洗头的时候尽量有规律的搓揉头发，不要让洗发液残留在头发上。

3. 洗发液的选择很重要，如果是属于中性或者干性发质的人，最好选择滋润一点的洗发液，油性发质的人就选择稍微控油一点的，中干性发质的人可以使用清爽型洗发液。

4. 洗完头以后将头发梳好保持自然垂直状态，不要用毛巾擦，让水流下来，这样可以使头发变直。

5. 晚上睡觉的时候要稍微注意一下，如果有条件，可以戴线织帽睡觉。

这样过上几个星期，你就会发现自己的头发越来越柔顺、越来越富有光泽。

三 妙修眼部，让你的明眸生辉

眼睛，不仅仅是重要的视觉器官，而且还是容貌的中心，是容貌美的重点和主要标志。人们对容貌的审视，首先从眼睛开始，一双清澈明亮、妩媚动人的眼睛，不但能增添容貌美使之更具魅力和风采，而且能遮去或掩饰面部其他器官的不足和缺陷。眼睛的形态、结构比例如何，对人类容貌美丑具有重要的影响，因此美学家称人的双眼是“美之窗”。

你想要一双明媚动人、巧目顾盼的迷人眼睛吗？不妨从下列步骤做起：

一、修眉

1. 修剪眉毛的工具

（1）斜口拔眉夹：使用方便，最适合拔除眉眼间的杂毛。可将眉毛连根拔起，干净利落。在拔的时候，应用手指撑住皮肤，顺着眉毛生长方向拔起，不但可以减轻疼痛，且能防止因过度拉扯而产生皮肤松弛。

（2）平口拔眉夹：前端平直，适合用来拔除两眉之间的杂毛。

（3）安全剃眉刀：担心拔眉毛会很痛的人，修眉不痛的选择就是剃刀。

（4）眉毛剪：用来修剪眉毛的长度，使眉形看起来更精确。尖端太细或太长的眉毛剪，容易弄伤皮肤，要慎用。

2. DIY 修眉型的模具

如果担心自己的技术，可以购买“画眉卡”，有适合各种眉型的卡，方便快捷地帮助你找到并修出适合自己脸型的眉形。首先根据自己的脸型选用合适的模子，然后把模子贴在眉毛上，用眉笔从模子的内框划出轮廓，划线以外的眉毛就是多余的，你可以放心地拔掉了。

还有一种更简单的工具就是完美眉型模板，分自然型、俏丽型和可爱型三种，只要对准眉毛，将其余散乱的眉毛修去，完美对称的眉毛就立刻展现了。

3. 眉梳

眉梳可以梳顺眉毛，使它们看起来整齐，有光泽。有单独的眉梳，也有尾部带有梳子的眉笔，在画眉前，顺着眉毛生长方向梳即可。

4. 眉刷

眉刷不但可以梳顺眉毛，还可以起到深层修饰的作用。用眉刷沾上眉粉轻轻刷过整个眉毛，轻轻往上拉提刷饰眉毛，能让色彩均匀沾染，自然有型。

完美修眉小步骤：

1. 修眉前，可先敷上温热的毛巾，使眼眉的毛孔张开；

2. 用眉刷，顺着眉型将眉毛梳理顺滑；

3. 接着用眉笔从眉头、眉尾到眉峰，将理想的眉型描出；

4. 把所画的眉型线以外的杂毛，全部用眉夹拔除；

5. 过长的眉毛也要剪掉，用眉梳将眉峰部分的眉毛往下刷；

6. 超过眉型线的过长眉毛，用眉剪去除；

7. 进入画眉阶段，用沾满眉粉的眉刷从眉峰描绘到眉尾，再从眉峰描画到眉头；

8. 用眉笔，采用一根一根的画法将眉毛不足的长度补齐；

9. 最后用眉刷将眉毛的线条晕染开来，让眉毛显得更自然。

二、眼线的画法

要使眼睛显得美丽而有精神，除了拥有一双衬托眼神的漂亮眉毛外，通常还可以利用眼线的修饰，让双眼更具立体感。初学画眼线的女性最好使用眼线笔，且宜选用笔芯较软的眼线笔，因其容易掌握，颜色也较多，只要选择接近眼珠的颜色，沿着眼型勾勒，就能表达出自然的眼部神韵。眼线液可以使眼线更持久，又不易脱落。想使眼睛的线条清晰，可用液状线笔。为了使眼线均匀，应选用笔尖不分裂的海绵式或橡胶式笔芯，等用惯后再改用可以调整粗细的眼线笔。另外，这种眼线笔因附着力较佳，也适合泪腺发达的女性使用。画眼线时，不妨以右手小指先抵住脸颊处固定，镜子位置要稍低于眼睛，描画时抬高下颌并眼向下看；画下眼线时，则需将镜子与脸部保持平行，拉低下颌，眼睛往上看，这样描起来更方便。勾勒眼线的目的，在于使眼部轮廓更加明亮清晰，并且可以改变眼睛的形状。

各种眼型的眼线具体画法如下：

1. 基本画法　由眼头开始，紧沿着睫毛生长处细细地画一条线，宽约0.1～0.2公分，至眼尾处稍稍往上翘。

2. 双眼皮画法　沿着睫毛轻轻细细地描画上、下眼睑，由眼尾向前描至距离眼头1/3处的位置。

3. 单眼皮的画法　单眼皮一般眼睛细小最好不要上下眼线都画，以免让眼睛看起来更小，可以只从下眼睑尾往前画，画至眼睛长度的1/3或1/2处即可。

4. 两眼距离近者的画法　画眼线时，着笔点要比眼头稍靠后些，而且眼线的前端要细，画至眼尾时渐渐变粗，因为眼睛距离近的人通常眉毛距离也近，所以必须将眼线画细一点。

5. 两眼距离宽者的画法　两眼距离较远者，着笔点要略微超越眼头处，并稍微向下弯曲，再沿着睫毛边缘到眼尾，且稍向上翘，但不要画得太长。

6. 下垂眼睛的画法　要想使眼睛看起来向上翘，上眼线要从眼睛中央画起，到眼尾处再稍微往上翘。下眼线画法与上眼线相同。

7. 上扬眼睛的画法　为了使眼睛看起来向下些，上眼睑的眼线向下自然描绘，下眼睑的眼线则随眼型自然描画，画至眼尾时应做水平结尾。

三、眼影的画法

你在嫌弃自己的眼睛不够大吗？别担心，只需小小的十分钟，你便可以拥有一双深邃清澈的美瞳。

1. 以眼影棒沾较深颜色的眼影，延着睫毛边缘，于眼尾往眼头方向约四分之一处重复涂抹晕淡。

2. 以眼尾为原点，由睫毛边朝眼窝的方向慢慢涂抹。眼影宽度约四分之一，配合眼球的弧度才能画出自然妆。

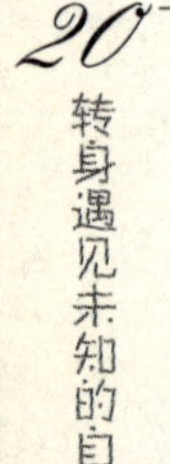

3. 将眼影晕淡之后，用眼影棒在眼窝凹陷处，眼头、眼尾之间来回涂抹，自然强调出眼睑凹陷处的阴影。

4. 用眼影棒沾明亮色系的眼影，以眼头为起点，由睫毛边缘朝眼窝涂抹，然后与眼窝及近眼尾处的眼影相互重叠，层次感更强。

5. 眉骨可用眼影刷沾明亮色系的眼影，左右刷抹，直到眼窝全部刷满为止，中间勿留空隙。

6. 以步骤 1－3 中使用过的眼影棒（不需再沾眼影），直接抹在下眼睑近眼尾四分之一处。距眼头四分之三处，可用眼影棒，沾步骤 4 使用过的亮色眼影。

四 化妆，女人的必修课

1. 面容洁净

修饰面容，首先要做到洁净。

2. 口部修饰

口部修饰的范围包括口腔和口的周围，重点是注意口腔卫生，要勤刷牙、勤漱口，保持牙齿洁白、口气清新，避免牙齿污染、口腔产生异味。保持口腔清洁，是个人卫生方面的一种美德，也是尊敬他人、有修养的表现。

与人交往应酬，进入公共场合前应禁食容易产生异味的食物。如果不得已而为之，应提前处理，消除口中气味。

嘴唇的护养也要列入口部修饰的范畴之内，要注意适当呵护自己的嘴唇，防止干裂、暴皮和生疮，还要避免唇边残留分泌物和其他异物，与别人交谈时不能口沫四溅。

3. 耳部修饰

修饰耳部主要是保持耳部的清洁，及时清除耳垢和修剪耳毛。

4. 皮肤保养

人人都希望自己的皮肤滋润、细腻、柔嫩、富有弹性。然而，有些人的皮肤显得暗黑粗糙，不尽人意。分析原因，除一部分是遗传因素和疾病影响外，在许多情况下，还与后天不善于保养有密切关系。

人的皮肤按皮脂腺的分泌状况，一般可分四种类型，即中性皮肤、干性皮肤、油性皮肤和混合性皮肤。在实际操作过程中，也经常会遇见敏感性皮肤。大家可以通过对照下列的皮肤类型及相应的特征，从而有针对性地进行护理和保养。

（1）中性皮肤　健康理想的皮肤，多见于青春期少女，皮脂分泌量适中，皮肤既不干也不油，红润细腻、光滑、富有弹性，不易起皱，毛孔较小，对外界刺激不敏感，但受季节影响，夏季趋于油性，冬季趋于干性。

（2）干性皮肤　肤色白皙，毛孔细小而不明显。皮脂分泌量少，比较干燥，容易产生细小皱纹。角质层含水量低于10%，毛细血管表浅、易破裂，对外界刺激比较敏感，分缺水性和缺油性两种。

（3）油性皮肤　肤色较深，毛孔粗大，皮脂分泌量多，油腻光亮，不容易起皱纹，对外界刺激不敏感。由于皮脂分泌过多，容易生粉刺、痤疮，常见于青春期的年轻人。

（4）混合性皮肤　兼有油性皮肤和干性皮肤的特征，在面部T型区（前额、鼻、口周围）呈油性状态，眼部及两颊呈干性。80%的女性都是混合性皮肤。

（5）敏感性皮肤　可见于上述各种皮肤。皮肤较薄，对外界刺激很敏感，当受到外界刺激时，会出现局部微红，红肿，出现疮、块及刺痒等症状。

5. 化妆技巧

美容化妆是运用多种化妆用品和工具，采取合乎规则的步骤和技巧，对面部、五官及其他部位进行预想的渲染、描画和整理，以强调和突出人所具有的自然美，掩饰不足和缺陷。化妆，不仅是对自己的美化，更是对交往对象的尊重。

（1）化妆的要求

首先，要体现内在气质、性格，体现人的自然美。化妆不仅仅是描眉打鬓，而是要借助这些化妆技术，体现化妆者的形象，所以，每个人化妆之前，对自己要有一个整体和理想的形象设计。

其次，化妆要掩饰容貌上的缺陷和不足。一般宜淡妆，绝不能浓妆艳抹，否则会显得轻浮、怪异甚至荒诞。具体来说化妆要符合以下规范：

1）妆容的浓淡程度视时间和场合而定。白天宜化淡妆，晚宴、舞会可化得浓艳些。

2）不应在他人面前化妆。在众人面前化妆是非常失礼的，既有碍他

人，也是对自己的不尊重，假如确实需要化妆或补妆的话，应在化妆间或洗手间进行。尤其要避开异性，否则会被认为有卖弄表演吸引异性之嫌。

3）不应残妆露面。如因就餐、休息等原因造成妆面残缺，应及时避开他人补妆。

4）不要对他人的妆容妄加评论。由于民族、文化传统的不同，肤色的差异以及个人审美情趣的不同，每个人的化妆不可能都一样，不应对他人评头论足。

5）不要借用他人的化妆品。出于卫生与礼貌，无论是谁，无论是否急用，都不要去借用他人的化妆品。

6）不要因化妆而对他人产生不良影响。一次性使用过多的或味道比较浓烈的化妆品，香气四溢，无疑会造成对他人的妨碍。

（2）女性化妆的基本步骤

1）洗面；

2）拍收缩水（化妆水）；

3）涂营养霜（液）；

4）涂隔离霜；

5）上粉底；

6）定妆（涂干粉）；

7）修眉；

8）画眉；

9）化眼影；

10）画眼线；

11）涂睫毛膏；

12）涂腮红；

13）涂口红。

当然，化妆步骤的繁简可以根据场合不同而定。

附：不同脸型的化妆技巧

1. 椭圆脸型

椭圆脸可谓公认的理想脸型，化妆时宜注意保持其自然形状，突出其可爱之处，不必通过化妆去改变脸型。胭脂，应涂在颊部颧骨的最高处，再向上向外揉化开去。唇膏，除嘴唇唇形有缺陷外，尽量按自然唇形涂抹。眉毛，可顺着眼睛的轮廓修成弧形，眉头应与内眼角齐，眉尾可稍长于外眼角。

正因为椭圆形脸是勿需太多掩饰的，所以化妆时一定要找出脸部最动人、最美丽的部位，而后使其突出，以免给人平淡、毫无特点的印象。

2. 长脸型

长脸型的人，在化妆时力求达到的效果应是：增加面部的宽度。胭脂，应注意离鼻子稍远些，在视觉上拉宽面部。涂抹时，可沿颧骨的最高处与太阳穴下方所构成的曲线部位，向外、向上涂抹。粉底，若双颊下陷或者额部窄小，应在双颊和额部涂以浅色调的粉底，造成光影，使之变得丰满一些。眉毛，修正时应令其成弧形，切不可有棱有角。眉毛的位置不宜太高，眉毛尾部切忌高翘。

3. 圆脸型

圆脸型给人可爱、玲珑之感，若要修正为椭圆形并不十分困难。胭脂，可从颧骨起涂至下颌部，注意不能简单地在颧骨突出部位涂成圆形。唇膏，可在上嘴唇涂成浅浅的弓形，不能涂成圆形的小嘴状，以免有圆上加圆之感。粉底，可用来在两颊造阴影，使圆脸削瘦一点。选用暗色调粉底，沿额头靠近发际处起向下窄窄地涂抹，至颧骨部下可加宽涂抹的面积，造成脸部亮度自颧骨以下逐步集中于鼻子、嘴唇、下巴附近部位。眉毛，可修成自然的弧形，可作少许弯曲，不可太平直或有棱角，也不可过于弯曲。

4. 方脸型

方脸型的人以双颊骨突出为特点，因而在化妆时，要设法加以掩饰，增加柔和感。胭脂，宜涂抹得与眼部平行，切忌涂在颧骨最突出处。可抹在颧骨稍下方处并往外揉开。粉底，可用暗色调在颧骨最宽处造成阴影，令其方正感减弱。下颚部宜用大面积的暗色调粉底造阴影，以改变面部轮廓。唇膏，可涂丰满一些，强调柔和感。眉毛，应修得稍宽一些，眉形可稍带弯曲，不宜有角。

5. 三角脸型

三角脸的特点是额部较窄而两腮较阔，整个脸部呈上小下宽状。化妆时应将下部宽角“削”去，把脸型变为椭圆状。胭脂，可由外眼角处起始，向下抹涂，令脸部上半部分拉宽一些。粉底，可用较深色调的粉底在两腮部位涂抹、掩饰。眉毛，宜保持自然状态，不可太平直或太弯曲。

6. 倒三角脸型

倒三角脸型的特点是额部较宽大而两腮较窄小，呈上阔下窄状。即人们常说的“瓜子脸”、“心形脸”。化妆时，掌握的诀窍恰恰与三角脸型相似，需要修饰部分则正好相反。胭脂，应涂在颧骨最突出处，而后向上、向外揉开。粉底，可用较深色调的粉底涂在过宽的额头两侧，而用较浅的粉底涂抹在两腮及下巴处，造成掩饰上部、突出下部的效果。唇膏，宜用稍亮些的唇膏以加强柔和感，唇形宜稍宽厚些。眉毛，应顺着眼部轮廓修成自然的眉形，眉尾不可上翘，描时从眉心到眉尾宜由深渐浅。

五　呵护你的第二张脸

人们常说：手，是女人的第二张脸。由此可见，对于一个女人来说，手是多么的重要。

相信有很多人还记得《孔雀东南飞》中描写焦仲卿之妻刘氏的那句话吧：“足下蹑丝履，头上玳瑁光。腰若流纨素，耳著明月珰。指如削葱根，口如含朱丹。纤纤作细步，精妙世无双。”

“指如削葱根，口如含朱丹。”多么精美绝伦摄人魂魄的美丽女子。那双粉嫩白皙纤长轻盈的手，不知羡煞了多少女人的眼！虽说长一张什么样的脸，有一双什么样的手都是爹妈给的，有很大的先天因素。但是如果你懂得怎样去呵护你的玉手，你其实也可以如刘氏一样“指如削葱根”。

其实，呵护手不像脸那么复杂，只需很简单的几个步骤就可以使你拥有一双外观匀称、肌肤光泽、灵活柔软的芊芊玉手。

1. 洗手

不要让手常时间浸在水中，尽量避免频繁洗手。

（1）洗手时用洗手液，绝不能用洗衣粉、肥皂等碱性大的洗护品。

（2）水温不能过冷或过热。

（3）手洗净后，一定要用干净、柔软的毛巾擦手，然后抹护手霜（要马上抹，不要等到双手干透后再抹。在皮肤未干透时抹可及时锁住水分。

2. 防晒

不管夏天还是冬天，防晒都是必须的。外出时，请给娇嫩的双手抹上防晒霜，然后戴上手套。即使是开车出去，也要按以上的方法防晒。紫外线会穿透玻璃，这是每个爱美的女性都应该知道的。

3. 每周用磨砂膏进行一次手部按摩

洗净双手，用温水（最好能在水中加些橄榄油）浸泡片刻，然后用磨砂膏在手上轻轻按摩。10 分钟后洗净，抹上护手霜即可（若是临睡前进行，可戴上棉质手套睡觉）。

4. 勤抹护手霜

护手霜的主要作用是及时补充手部皮肤所需油分，滋润保湿，缓解干燥皲裂症状，是防止双手干、裂、脱皮的好产品，特别是含有维生素 A、B、E 等成分的护手霜，更是手部保养的好东西。

（1）洗一次手抹一次护手霜，不能省略。床头、厨房、卫生间、办公室、随身挎包等都应备上一支护手霜。

（2）每天出门前、睡觉前一定要涂护手霜（不能用面部护肤霜代替）。

（3）做家务前，最好先抹护手霜。

（4）为自己的玉手买几副专用手套（防晒用的、开车用的、睡觉用的、做家务用的；经常修剪指甲；不做或少做仿真指甲。

（5）做家务时一定要戴手套为了保护双手，使之避免接触刺激物质和水，做家务前先在手上涂护手霜，再戴双层手套。第一层是棉质手套，第二层是橡胶手套。做家务时间较长时，应每隔半小时脱下手套让双手透

气。摘菜或开瓶起罐时，尽量使用工具，以免损伤手部皮肤；避免双手直接接触酒精或其他消毒剂。

（6）每周或每两周到美容院做一次手部护理。

5. 手部护理

（1）自我护理

a. 用醋或淘米水等洗手：双手接触洗洁精、皂液等碱性物质后，用食用醋水或柠檬水涂沫在手部，可去除残留在肌肤表面的碱性物质。此外，坚持用淘米水洗手，可收到意想不到的好效果。具体操作：醋加水洗手或煮饭时将淘米水贮存好，临睡前用淘米水浸泡双手 10 分钟左右，再用温水洗净、擦干，涂上护手霜即可。

b. 用牛奶或酸奶护手具体操作：喝完牛奶或酸奶后，不要马上把装奶的瓶子洗掉，一定要记得“废品”的利用。将瓶子里剩下的奶抹到手上，约 15 分钟后用温水洗净双手，这时你会发现双手嫩滑无比。

c. 鸡蛋护手具体操作：鸡蛋一只，去黄取蛋清，加适量的牛奶、蜂蜜调和，均匀敷手，15 分钟左右洗净双手，再抹护手霜。每星期一次，可去皱、美白。

（2）自我按摩

当劳累了一天的双手疲惫不堪时，自己给自己按摩一下手部，可舒缓不适，减轻手部疲劳。

具体方法如下：

a. 洗净双手，涂上香精油或按摩油，放松双手。

b. 右手给左手按摩：

用右手的拇指与食指，从左手小指与无名指开始，依序向大拇指移动揉搓。接着以螺旋状朝手腕上面按摩；将右手拇指与食指分置左手手指两侧，由左手指尖向手掌轻滑，至根部稍用力按压。以右手拇指与食指夹住左手手指，由指根拉向指尖，以轻滑般的方式放开；把左手摊平，以右手的手掌，在左手手背上来回呈圆形揉搓。

c. 左手给右手按摩。步骤如上。

d. 按摩后抹上保湿或滋养手膜，裹上保鲜膜，包上一条热毛巾，再用一条干毛巾覆盖（若没有时间，此节可省略）。

e. 约10分钟后用温水洗净双手，取适量护手霜，均匀涂于双手。

6. 专业护手程序

（1）清洁：双手彻底清洁，温热的毛巾轻揉，打开毛细孔。

（2）去死皮：涂上去死皮霜，彻底清除掉老旧角质。

（3）浸泡：双手在含有植物精华成分的水中浸泡，柔软皮肤。

（4）上手膜：这是专业护手的关键步骤，是自己在家无法完成的。无论是滋润还是美白，全要在这个步骤体现。将含有美白或滋润的温热蜡水涂满全手和手臂上，再包上塑料薄膜20分钟，让双手完全吸收热蜡中的营养成分。

（5）揭掉蜡膜：双手马上变得非常的柔软细腻。

（6）舒缓按摩：轻拽指尖、穴位按摩，彻底舒缓放松手部神经和肌肉。

（7）涂护手霜：全套护理完成之后，涂上护手霜轻揉，让营养成分再次渗入皮肤内。

每次洗手之后都要使用手霜，而且要马上使用，在手上还湿湿的时候使用效果最好，如果等手上的水分已经完全蒸发，皮肤感觉干燥时再使用，那么手霜保湿的效果就会差许多。

六　巧妙着装，穿出你的女人味

服饰，是人体形态的外延。服饰包括：上衣、裤子、裙子、饰品等。衣服对于人们来说，其功能不仅仅是御寒和遮羞，而且具有装饰、美化的作用。它展示着一个人的身份、涵养、个性爱好、审美情趣、心理状态等多种信息。衣着还是一个社会、时代经济、政治、文化的晴雨表，它及时地反映着当时社会的发展状况。

一般说来，服饰美有三个原则：整洁性原则、着装协调性原则、TPO原则。整洁性原则要求我们着装时要整齐、干净、完好、卫生。协调性原则要求着装要和职业性协调、和年龄相协调、和形体相协调、和肤色相协调。而“TPO”原则则是1963年日本男用时装协会提出的。“T”即Time（时间），“P”即Place（地点），“O”即Occasion（场合）。这个原则比较准确地概括了着装与环境的关系，因而很快被认可。

“TPO”原则简单来说是：衣着要考虑时间变化，顺应自然；要因地制宜，尊重对方、尊重环境：衣着更要与场合和谐，切合当时庄重、随意、喜庆、悲哀的环境、气氛，要同自己的角色相协调。

1. 与时间相适应

时间，泛指时代、年份、季节、时辰。

在西方，不同的时间里有不同的着装要求。例如：男士在白天不能穿小礼服和夜礼服，在夜晚不能穿晨礼服；女士在日落前则不能穿过于裸露的礼服。

2. 与地点相适应

这是指根据不同国家、不同地区所处的地理位置、自然条件和民族、风俗的要求来着装。例如：在气候炎热的地方，服装以浅色或冷色调为主；在寒冷的地区，服装则以深色或暖色调为主。

3. 与场合相适应

场合，是指当时活动的性质、规模、气氛等。在服饰礼仪中，主要包括上班、社交、休闲三大场合。上班穿着要整洁、大方、美观，不可过分妖艳，女士在夏季不宜将吊带背心超短裙穿进办公室。社交装要穿得时髦、流行又不失高雅，在出席婚礼、宴会等重要场合时，女士既可以穿西装和中式服装，也可以穿旗袍和晚礼服。休闲装要穿得宽松、舒适、随意，棉制的衬衣、T恤、牛仔装是郊外游玩的首选，可以使人显得轻松、惬意。

时下，总是有很多女孩子因不会搭配衣服或是不愿“随波逐流”而苦恼。其实，没有人生来就是会穿衣的，穿衣打扮也是需要在实践和经验中磨砺得来。

你可以利用闲暇时间看看时装秀，或者是一些关于时装的杂志，不断提升自己的审美眼光和穿衣品味。更多时候，颜色也可以帮助你掩饰不足、突出特色。

一般来说，身材高挑的女生，颜色对比可以突出你的美腿，运用对比强烈的鲜艳颜色搭配，可以使你马上成为众人的焦点。但一定要注意全身服饰的色彩不要超过五种，否则就容易变成“花大姐”了，而且袜色要与身上服装的颜色相呼应。而身材比较娇小的女生，挑选与服饰同色系的彩色袜，是最简单且最不易出错的方式。颜色呼应可以使双腿看起来更修长。小腿较粗的女生，要避免穿中筒袜，宜穿深色、直纹或细条纹的丝袜。因为这些都会产生收缩感，使双腿显得较细。小腿偏细的女生很适合选择有横条花纹或大花图案的彩袜，这些都是显胖的搭配，最宜配衬平底鞋。

女孩子都喜欢走在时尚前沿，引领潮流，但是，一定要选择适合你的穿衣风格，不要盲目随从，最流行的不一定是最适合你的。美丽从来都没有唯一的标准，女孩应该学会自己创造潮流。别让自己活得那么被动，要学着解读自己，知道什么最适合自己，知道自己最想要什么，只有这样，你才能借助服饰语言穿出只属于你自己的味道。

七　服饰搭配，让你的美丽不打折

这是一个美女如云的经济效应时代，无论是你打开电视机，还是走在大街上，不同风格、不同类型的美女比比皆是。社会大众的心理都是一样，都愿意看到长相漂亮、举止优雅的女人。因为看美女其实也是一件赏心悦目的事情，她是一道亮丽的风景线，能带给人美好的心情。

有些人会抱怨自己没有玛丽莲·梦露的漂亮脸蛋，没有奥黛丽·赫本优雅的气质。殊不知，美丽和优雅也是一件因人而异的事情。如果每个人都去模仿那些炙手可热的明星们，那么这个社会还有什么新鲜感可言？每个女人岂不都是另一个高高在上的女人翻版？其实，如果你熟悉自己、了解自己，会穿衣搭配，同样是一件衣服，梦露可以穿出她的风采，你也可以搭配出你自己的味道。

1. 不同体型女性的着装方法

（1）娇小玲珑的体型：这种体型的女性，如果穿着深色的衣服，会显得更为瘦小。所以，应该选择淡色或小型花纹且质地柔软的衣服。此外，上衣可以采用镶边的样式，裙子则不妨在腰际打碎褶，使身材显得较丰满。帽子、提袋和项链等配件，则尽量选用小而可爱的类型。

（2）矮小而丰满的体型：只要在上半身或下半身的某个部位，裁剪得贴身合适，其他的部位，则可以略显宽松。这样可使身体的感觉衬托得更为平衡。穿着蓬裙或长裙会显得更为矮胖，所以在穿着裙子的时候，应该尽量选择合身的短裙。此外，也可以选择色彩明朗的运动衫，细小花格的洋装。打结的围巾，或装饰领口的小胸针，都是理想而可爱的配件。总之，体型矮胖的人，在穿着方面，应该尽量表现得清爽而且充满活力。

（3）高而瘦削的体型：这种体型，是最理想的“衣服架子”，适合各种样式的服装。但如果穿着太古板的衣服，会让人觉得老气横秋。因此，在选择衣服的式样时，应特别注意“新鲜感”，最好是穿着大型花纹且曲线丰富的洋装。布料方面，则以舒适、柔软的质地最为适宜。如果衣服上有横向的花纹，会显得更为丰满动人。

另外，选择宽边帽、大的手提包和能叮当作响的耳环或项链，更会使你显得大方、俏丽。

（4）高而粗壮的体型：这种体型的人，通常腰部较为粗大，所以，掩饰的重点应该放在腰部。如果体型略胖，裙长应该垂膝。此外，各种式样的迷你裙，也适合这类体型的人穿着。服装的款式，以趋向运动装的样式最为合适。布料则以不要太显露体型的质料为主；色泽方面，则应选择深而鲜丽的色彩。在配件方面，也以大型的东西较为合适。在举止方面，一定要注意细节，不要做出和身份不相称的举动。

爱美的女性，总是喜欢用模特的标准打量自己，一件喜欢已久的衣服可是却穿不出时装秀上模特的风韵，这总是一件令她们苦恼至极的事情。其实，虽然天生的身材难以改变，但是我们可以通过巧妙的选择服装款式来扬长避短。如果能正确认识自己的缺点，学会扬长避短，买起衣服来才能得心应手。

2. 择衣秘籍

（1）脖子长的女士选服饰的要点

脖子较长的女士，尽量避免穿大V领或无领的服装，穿立领的服装会显得更漂亮。除了立领之外，还可以选择高领，或在脖子上系丝巾。

（2）脖子短的女士选择服饰的要点

脖子短的女士适合穿V领、低领、无领、船型领、荡领等领型的衣服。避免紧围颈部的高领、立领及颈部装饰性过多的衣领。

（3）肩部宽的女士选择服饰的要点

肩部较宽的人使用垫肩时宜薄不宜厚，适合大的圆领、深V领以及披肩领。避免紧围领部的领型和直线的一字领。应选择蝙蝠袖、插肩式或宽松式的袖子，而不能选择泡泡袖类。

（4）肩部窄的女士选择服饰的要点

肩部较窄的溜肩多呈现在曲线型身材的女性身上，除了使用垫肩来解决问题外，还可以穿肩部多皱褶的袖子，如泡泡袖。

（5）手臂较粗的女士选择服饰的要点

手臂较粗的女士回避穿无袖的、窄肩的、紧身类的服装，避免穿戴横条纹图案的袖子。

（6）胸部大的女士选择服饰的要点

胸部过于丰满的女性，在着装时，避免穿有光泽的服装，因为光泽容易引人注目，适合造型简洁，宽松的服装，胸部上不能有过多的装饰物，比如：兜袋、花边装饰，再有，就是避免穿紧身T恤及横纹的大花衬衫，不使用强调腰身的宽腰带。

（7）胸部小的女士选择服饰的要点

胸部平坦偏小的女性，可以多利用服装的图案、皱褶、蝴蝶结、花边等复杂的装饰使胸部变得丰满，也可以穿宽松的上衣来加强身体的膨胀感，避免穿着低胸、紧身服装，可多利用丝巾来掩饰胸部。

（8）臀部宽的女士选择服饰的要点

臀部过于丰满或宽大的女性，不宜穿过紧的筒裤，裤子的肥瘦一定要适中，不要选择百褶裙、碎褶裙、紧身式裙子。上衣的长度以盖过臀部为好。颜色的选择上，上衣采用明亮色调，下部选用收缩感强的颜色。

（9）臀部窄的女士选择服饰的要点

臀部扁平或较窄的女性，多选择腰部多皱褶的裤子和裙子，可多使用腰带使腰与臀部的界限明显，或在臀部处多装饰物，如兜袋类。避免穿紧身裙和直筒裤。

（10）腰部粗或细的女士选择服饰的要点

腰围粗的女士不应将衬衫或紧身毛衣等扎入裙子或长裤内，不使用腰带，不穿带皱褶的裙子和裤子，减少腰部的装饰物。相反，腰围细的女士可以用腰带来突出腰部，还可以在腰部多做装饰点缀，使腰部给人以丰满的感觉。

（11）腹部突出的女士选择服饰的要点

腹部突出的女士多利用层叠搭配的原理，如在衬衫或毛衣外加一件背心、上衣，让视线有层次感，也可利用配件转移他人的注意力，多在胸以上的部位做装饰，如在脖子上系丝巾，在胸前佩戴胸针等。避免穿连体的连衣裙和紧身的服装。

（12）腿部较粗的女士选择服饰的要点

腿粗的女士不适合穿紧身裤、短裤、宽而短的裙裤，穿宽松的裤子、直筒裙均能掩饰此缺点。小腿过粗的人，最简单的遮掩法是穿着长裤，若穿裙子应穿长裙，裙长比小腿最粗处长 1－2cm 为宜。裙子的长度千万不能在小腿最粗处。

（13）身材高大的女士选择服饰的要点

身材高大且胖的女士，应尽量选择纵向且有条纹图案的面料，服装本身不宜采用过多的装饰物，佩戴的饰物不宜杂乱无章，应集中于一点，给人以强烈的印象。

身材高且瘦的女士属于模特体型，能够穿着的服装款式较多。太瘦的女性不应穿紧身衣服和束宽腰带。

（14）身材矮小的女士选择服饰的要点

身材矮小且胖的女士，较适合明快的服装色彩，选择小到中等图案为最佳，避免穿着有繁杂装饰的服装。服装面料应选用薄厚适中给人以轻快感的材料，还要避免披大图案的围巾。

身材矮小且瘦的女士给人以小巧玲珑的印象，应穿比较活泼清秀的服装，选用明快的服装色彩，要避免分割类图案，最好穿比较密集的小图案。若想显得比实际身高偏高，应将着装的重点放在使腿部如何显得修长的服装上。

八　表情是更丰富的语言

表情是内心情感在面部上的表现。表情是人际交往中，相互交流的重要形式之一。它可谓体态语言中最为丰富的内容，因为它可以更直观地表达出一个人的内心感情。

美国心理学家艾伯特·梅拉比安把人的感情表达为一个公式：

感情的表达＝语言（7%）＋声音（38%）＋表情（55%）

这个公式是否科学合理且不去深究，但它说明了表情在人际沟通感情的过程中占有相当重要的位置。

我们这里主要讲的是面部表情，人类的面部表情变化多端，罗兰就曾感慨道：面部表情是多少世纪培养成功的语言，是比嘴里讲的要复杂千百倍的语言。面部表情大多具有共性，它超越了地域文化的界限，成为一种世界性“语言”，在世界上几乎可以通用。

面部表情主要包括眼神、微笑两方面。

（一）眼神

面部表情中起主导作用的是眼睛，眼睛对内心情感的传达主要是靠眼神。它能如实地反映出人的喜怒哀乐。眼神是富有表现力的一种“体态语”，适当的运用能给交往带来好的作用，否则会带来不必要的误解。

1. 注意视线接触对方的时间

与人交谈时，视线接触对方脸部的时间应占全部谈话时间的30%～60%，超过这一平均值时，可被视为对谈话者本人比谈话内容更感兴趣；低于此平均值时，则表示对谈话内容和谈活者本人都不怎么感兴趣，所以在谈话过程中，应掌握好这一时间度。不能直视或长时间地凝视对方，这可以认为是对私人占有空间或势力范围的侵犯，是不礼貌的或挑衅性的行为；完全不看对方，则可认为是自高自大、傲慢无礼的表现，或者企图掩饰什么，诸如空虚、慌张等。

2. 注意视线停留的部位

从视线停留的部位可反映出人际关系状态有三种：一是视线停留在两眼与胸部之间的三角形区域，这被称之为亲密注视；二是视线停留在双眼与嘴部之间的三角形区域，这为社交注视，是社交场合常见的视线交流位置；三是视线停留在对方前额的一个假定的三角形区域，为严肃注视。这种注视方式能造成严肃气氛，使对方感觉到你有正事要谈，这样你本人就保持了主动。

在人际沟通中，运用眼神要注意根据关系亲密程度来确定视线停留部位，也可以依据语境、场合来确定。

3. 注意眼神变化

眼神的变化能准确传递某种信息。不同的视觉方向表达不同的含义，仰视表示思索，俯视表示忧伤，正视表示庄重，斜视表示蔑视等，不可随便使用。其次，眼神的变化要协调自如，要与有声语言有机地配合在一起，不能只顾眼神，不顾其他或使两者分离。眼神变化要与其他的表情动作协调一致，成为一个有机的整体。眼神变化后，即完成了一个意思的表达之后要恢复正常，否则就会产生形不达意的后果。

（二）微笑

所谓微笑，即人的面部呈现出愉快、欢乐的神情。

笑是一种语言。笑有多种，常见有微笑、欢笑、大笑、狂笑、苦笑、奸笑、傻笑、冷笑等，而微笑是社交场合中最富吸引力、最有价值的面部表情，表现着人际关系中友善、诚信、谦恭、和蔼、融洽等最为美好的感情因素。在各种场合恰当地运用微笑，可以起到传递情感、沟通心灵、征服对方的积极心理效应。

微笑的功能是巨大的，但要笑得恰到好处，也是不容易的，所以微笑是一门学问，又是一门艺术。微笑的要求是，发自内心、自然大方、亲切，要用眼睛、眉毛、嘴巴等方面协调动作来完成。防止生硬、虚伪、笑不由衷。

千万不可小觑面部表情的力量，它可能决定着你的交际圈，决定着你的人脉资源。二十几岁，正是如花似玉的年龄，不要吝啬你的微笑，一定要让更多的人看到你的阳光和魅力。

九　注意仪态，打造优雅的气质美女

坐姿贯穿于我们日常生活的每个部分，与朋友交谈时、面试时、开会时，外出游玩时……一天二十四小时，除去正常休息的八小时外，剩余的十六个小时，我们几乎占了其百分之八十的时间用来坐着。可是，我们到底是以一种什么样的姿势坐着的呢？它是否正确？是否利于我们的身心健康？

在礼仪学上，对坐姿的基本要求是端正、稳重、自然、亲切，给人一种舒适感。“坐如钟”，即坐相要像钟那样端正稳重。端正优美的坐姿，会给人以文雅稳重、自然大方的美感。基本要求是：腹背挺直，手臂放松、双腿并拢，目视于人。

（一）入座礼仪

（1）注意顺序

当与他人一起入座时，要讲究先后顺序，礼让尊长，不能抢先就座。

（2）讲究方位

正式场合通常应从左侧一方走向自己的座位，从左侧一方离开自己的座位。

（3）落座无声

入座时，应不慌不忙，悄无声息；调整坐姿，也不宜出声，这样能体现出一个人的修养。

（4）入座得法

就座时，应转身背对座位。如距座位较远，可以右脚后移半步，待腿部接触座位边缘后，再轻轻坐下。动作要娴雅、文静、柔美，若穿裙子则应将裙子后片向前拢一下，以显得端庄娴雅。

（二）就座时的正确姿态

坐下后，上身正直，头正目平，嘴巴微闭，面带微笑，腰背稍靠椅背，以坐满椅面的三分之二为宜，两手相交放在两腿上，两腿自然弯曲，小腿与地面基本垂直，两脚平落地面，两膝间的距离，以不分开为好。

（三）离座

（1）事先说明

离开坐椅时身边如果有人在座，应该用语言或动作向对方先示意，随后再站起身来。

（2）注意先后

和别人同时离座，要注意起身的先后次序。地位低于对方的，应该稍后离座。地位高于对方时，可首先离座。双方身份相似时，可以同时起身离座。

（3）起身缓慢

起身离座时，动作要轻缓，不要“拖泥带水”，弄响坐椅，或将椅垫、椅罩弄掉在地，尽量站好再走。

（4）从左离开

起身后，应该从左侧离座。

（四）坐姿的禁忌

（1）上身不直

入座之后，上身不应前倾后仰，歪向一侧，或趴伏在桌椅上。

（2）双手乱动

入座之后，双手要尽量减少不必要的动作。不应双手抱住膝盖、抱于脑后；摸腿、摸脚、将手夹在腿中间；不要用手敲打身前的桌子；勿将肘支于桌上，或将双手放在桌下。

（3）头部乱晃

入座之后，不应将头靠在座位背上，或是低头注视地面。左顾右盼、闭目养神、摇头晃脑都属禁忌之列。

（4）腿部乱摇

入座之后，腿部不可叉开过大，不要将双腿直伸出去，不要将双腿架在高处，不要反复摇晃抖动双腿，不要在尊长面前架二郎腿。

（5）脚部失态

入座之后，不要将脚抬得过高，使对方看到鞋底；不要以脚尖指向他人；不要蹬踏他物。

不要对这小小的坐姿掉以轻心，认为自己怎么舒服就怎么坐。从现在开始，一定要开始注意塑造你的坐姿，别在一个小小的姿势上输给了别人。

我们每天都需要走路，有的人是大步流星，有的人是疾步如飞，而有的人则是轻盈舒缓、不疾不徐。其实，和坐姿一样，走路也是一门学问。优雅得体的走姿，亦可以是你发挥魅力的一大亮点。

走姿是以人的站姿为基础的，实际上属于站姿的延续动作。与其他姿势所不同的是，它自始至终都处于动态之中，体现的是人类的运动之美和精神风貌。

对走姿的要求虽不一定非要做到古人所要求的“行如风”，至少也要做到不慌不忙，稳重大方。当然，不同情况对行姿的要求是不同的。一般来说，标准的行走姿势，要以端正的站立姿态为基础。

（一）走姿的基本要求

双目向前平视，面带微笑，微收下颌，上身挺直，头放正，挺胸收腹，重心稍向前倾。手臂伸直放松，手指自然弯曲，摆动时要以肩关节为轴，大臂带动小臂向前，手臂要摆直线，肘关节略弯曲，小臂不要向上甩动；向后摆动时，手臂外开不超过30度，前后摆动的幅度为30～40厘米。

走路时姿势的美丑，是由步度、步位和步速决定的。步度，也称步幅，是指行走时两腿之间的距离。步度的一般标准是一脚踩出落地后，脚跟离未踩出一脚脚尖的距离恰好等于自己的脚长。身高超过1.75米以上的人的步度约是一脚半长。步位是指脚落到地面上时的位置。走路时最好的步位是：两只脚所踩的是一条直线而不是两条平行线。步速是指行走的速度，女子每分钟约为118～120步。遇有紧急事情，可以加快步速，但尽量不要奔跑，否则有失优雅。走路用腰力，有韵律感。走路的美感产生于下肢的频繁运动与上体稳定之间所形成的对比协调，以及身体的平衡对称，要做到出步和落地时脚尖都正对前方，抬头挺胸，迈步向前。

（二）不同着装的走姿

所穿服饰不同，步态应有所区别。一般地讲，直线条服装具有舒展、庄重、大方、矫健的特点；而以曲线条为主的服装则显得妩媚、柔美、优雅、飘逸。总之，走姿应展现服装的特点。

1. 穿正装的走姿

正装以直线条为主，应当走出挺拔、优雅的风度。穿正装时，后背保持平正，走路的步幅可略大些，手臂伸直摆动。行走时，不要扭腰摆臀。

2. 穿旗袍的走姿

行走时，要求身体挺拔，胸微含，下颌微收，不要塌腰撅臀。走路时，步幅不宜过大，以免旗袍开衩过大导致“走光”。两脚跟前后要走在一条线上，脚尖略微外开，两手臂在体侧自然摆动，幅度也不宜过大。

3. 穿裙装的走姿

穿着长裙可显出女性身材的修长和飘逸美。行走时要平稳，步幅可稍大些。转动时，要注意头和身体相协调，调整头、胸、髋三轴的角度。穿着短裙，要表现轻盈、敏捷、活泼、洒脱的风度，步幅不宜过大，但脚步频率可以稍快些，保持轻快灵巧的风格。

4. 穿高跟鞋的走姿

在正式社交场合需穿着高跟鞋，行走时，要保持身体平衡。做法是：直膝立腰，收腹收臀，挺胸抬头，膝关节不要前屈，臀部不要向后撅，要把踝关节、膝关节、髋关节挺直，行走时步幅不宜过大。

十　轻松瑜伽，练出你的好身材

几乎每个女孩子都希望自己有一副“魔鬼身材”。有些女孩子为了这个梦想，不惜重金买下高昂的健身器整日放在家里苦练，而有些则不顾身体营养的平衡给自己下狠心“绝食”，其实，没有必要这么折腾自己，如果真的想拥有一个如燕般轻柔的身材，不妨练练传统而又古老神秘的瑜伽。

1. 保持青春的瑜伽姿势：

瑜伽认为衰老的原因是自体中毒，即身体长年积存大量毒素，无法排出体外所致。多练习瑜伽姿势，身体会变得强壮，体内不会积存过多胆固醇和脂肪，血压恢复正常，心脏变得更健康。整体健康改善了，人自然更青春、更有活力。瑜伽的每一个姿势都有令身心畅通、提升或恢复元气，达到头脑冷静、情绪稳定的作用。当人变得健康，心灵变得更豁达、更坚强了，自然更能面对生活上种种无形的压力和挫折。

2. 提神醒脑的调息法：

瑜伽调息法可以调节体内的能量。大部分人是用胸部而非腹部呼吸的，这种呼吸方法不能善用肺部的功能，使氧气不能充分填满肺部，因此并不健康。而瑜伽调息法是一种呼吸技巧，为脑部提供更多氧气，令整个精神状态变得平静和积极。它甚至可以在缩短每日所需的睡眠时间的同时，让头脑保持清晰稳定。

3. 洁净身心的瑜伽法：

身心长期处于紧张状态，抵抗力便会减弱，疾病自然有机可乘。在每一趟瑜伽的最后部分，都会以“仰卧式”来结束。它有极大的放松及静心作用，予人一种既松弛又平和的感觉。当我们将这份感觉伸延到日常生活里，人际关系就会变得和谐，我们也能对周遭的一切更宽容、更自在。

瑜伽可以有效调节神经系统及内分泌系统，进而改善个人整体健康。目前，瑜伽已被应用在治疗艾滋病的层面。而它在心理及精神方面的影响力，更被用来改善囚犯的精神健康，帮助他们减轻精神压力、恐惧感、攻击性以及改善他们重归社会的能力。瑜伽的益处多不胜数。当我们明白生理、心理和精神三方面的健康并不能分割处理时，自然会对整体生命有更透彻的了解。瑜伽的最终目的，是拓宽个人意识，令我们更了解当下生命的意义和价值。

有些人可能练习瑜伽的目的性更强一些，就是减肥，其实，练习高温瑜伽的减肥效果会更好一些。

另外，练习瑜伽时，一定要注意以下几点基本的事项：

（1）练习瑜伽体位法之前，必须先做暖身运动。

（2）练习瑜伽时要集中精神，不能分心。

（3）练习瑜伽时身体要放松，若有特殊疾病，练习前应征询你的医师。

（4）练习瑜伽前后 2 小时请勿进食。

（5）练习瑜伽不能勉强，不能急，也不宜跟别人比较。

（6）练习瑜伽时，意识力要集中在动作与呼吸上。

（7）练习瑜伽时不宜讲话。

（8）做完瑜伽动作后，一定要做摊尸式大休息。

最后，特别值得一提的是，长期坚持练习瑜伽，还会有增高的作用，它的增高的原理是：改变一些因不良体态造成的脊椎变形或者弯曲，将肌肉和筋腱重新舒展开来。如果你坚持练习的话，增高两到三公分是没有任何问题的。

十一　好心情是最好的化妆品

小洁是一家服装设计公司的销售顾问，天生丽质的她是公司一大亮丽的风景，本就清新脱俗的脸蛋，再加上她高超的化妆技巧，她的妆容可谓是精致得无懈可击，以至于很多同事都潜心向她求教。

可是，这么一大美女，她的销售业绩却是公司里最差的，这令销售总监很是不解。经过他的一番调查，终于发现了问题的根源，原来，小洁还有个“冰山”的外号。

于是，总监在小洁也无比苦恼的情况下找她谈了会儿心，替她找到了问题的根源。临走时，总监还对小洁说，没有人喜欢对着一张冷冰冰的脸没完没了地讲话，同样，也没有人会拒绝一个甜美的发自内心的微笑。

即使你精心打造了一个多么精致的妆容，没有美好的心情来衬托，那也只是一副面具，一副冷冰冰的面具。它不仅使你没有气场，而且还会拒人以千里之外。

心理学博士凯伦·撒尔玛索恩女士说：“我们的生活有太多的不确定因素，你随时可能会被突如其来的变化扰乱心情。与其随波逐流，不如有意识地培养一些让你快乐的习惯，随时帮助自己调整心情。”

1. 每天拍几张照片

心理学家建议，每天用相机拍下身边的人和事，如窗外的树木、路边的小花、邻居家的小孩儿和朋友的婚礼。将这些随时都可能被遗忘的片段记录下来，当你不定期整理照片时，你会觉得所有的细节都是美好回忆，没什么可抱怨的，于是，人也会变得容易快乐起来。

2. 看悲剧电影

看一部令人伤感的电影，情难自禁时，不妨尽情地放声哭出来，然后安慰自己说，还好这只是电影，并不是真的生活，心情便会大有改观。这是一种反向思考方法，常常运用在心理学中，帮助人们换角度思考问题。

3. 在周末的清晨做白日梦

不少女孩子都很勤劳，会从星期六一大早起床开始，马不停蹄地做家务活，比如收拾屋子、清洗马桶等等。这样的习惯常常会让人在星期六晚上疲惫不堪，并影响到星期日的睡眠。不妨抛开那些琐碎的家务活，在周末的清晨做一个美美的白日梦。不要自责，而应该鼓励自己：我工作那么辛苦，趁周末好好挥霍一下自己的时间，无可厚非。

4. 定期写邮件

和相识多年的朋友定期以邮件的形式保持联系，聊聊最近的生活，不仅能帮你放下心里的事情，还能帮你重拾被淡漠的友谊。

5. 在水边散步

有研究指出，因为在婴儿时期便置身于羊水，人与生俱来就是亲水的。在水边散步，能有效帮助人放松身心，即使烦恼再多，在有绿水青山环绕的环境里，你也能做到放下一切。

6. 偶尔吃一顿大餐

吃大餐的美妙之处在于，不仅能享受到美味可口的食物，还能使你感觉到自己受到了特别礼遇。人在受到与别人不同的照顾时，心情会不知不觉地变好。

7. 每星期做一次美甲

当看到自己灰溜溜的指甲时，没人会有好心情，每星期做一次美甲，不仅能让你的指甲看起来更加整洁、漂亮，还能让你有一种不一样的满足感，心情便不由得开朗起来了。

8. 参加集体活动

虽然独处是调节心情的方法之一，但是不要吝啬自己的休息时间，分一部份给集体活动。这样，你会在共同的玩乐中找到让自己坚强、平和的力量。

9. 在每个星期一的早晨，穿一身色彩亮丽明快的衣服。

10. 一边打电话，一边信手涂鸦。

11. 每天出门前对着镜子微笑一次。

微笑其实是一种魅力，是一种人格力量。它能使人快乐，制造愉悦的气氛，它能显示一个女孩的聪明和智慧，懂得微笑的女孩往往更具有吸引力和凝聚力。

著名的喜剧大师卓别林曾说："通过微笑，我们能在貌似正常的现象中，看不出不正常的现象，能在貌似重要的事物中，看不出不重要的事物。"

在生活中应该经常微笑，这样不仅可以调节自己的情绪，还可以使自己的心理处于相对平衡状态。阳光不会照到每一个黑暗的角落，生活不会时时充满欢声笑语，但是，如果你学会绽放热情诚挚的微笑，那么你每天精心塑造的妆容就会灵动起来，不再那么呆板、冷冰冰。更重要的是，美好的心情，还可以帮你打造一个充满阳光的内心世界。

第六章　恋爱：

从“年少轻狂”到“成熟理智”的转身

一　相信爱情，但不要相信童话

童话里，公主只要呆在那里什么也不做，就会有王子来爱上她，为了她披荆斩棘，杀火龙战巫婆，经历了种种考验，最终幸福的相守。但是在现实生活中，没有谁可以像童话里的公主一样，不用付出就可以得到全心的奉献与爱，我们的生活毕竟不是童话。

第一次和男友去一家饭店吃饭时，她点了柠檬茶来喝。于是此后的每天中午，当她回到教室时，课桌里都会有一罐柠檬茶。起初她还感动于他的细心和体贴，但日子一长，也就没有了最初的感动，而是习以为常了。

他太溺爱她了，爱她爱到了让她感觉不到那是爱的地步，以至于牵手变成了习惯，亲吻变成了例行公事。不过，她依旧爱喝柠檬茶，喜欢那种酸酸甜甜的感觉，一如她想象中美好的爱情。

终于，他对她说他再也受不了这种单方面付出没有回应的爱，他怀疑她是否真的爱他。他要离开她，去寻找更重视他和他的感情的女子。她说随你吧！于是他们便分手了，谁也没有挽留谁，谁也没有流泪。第二天中午，她回到教室后，习惯性地把手伸向课桌里——什么也没有。她怔了一下，这才想起他们已经分手的事实。她笑了，去了微机室，在电脑桌前坐定，手指像往常一样地敲动着键盘——然而屏幕上却一个字也没有。她的同学看见她一副专注得发傻的样子，忍不住提醒她忘了开显示器。她机械地答应着，手却没有动。

第三天……第四天……一个星期过去了，她都没有喝柠檬茶，第一次体会到了一种叫做失去的感觉，心里空荡荡的，却没有什么东西可以填补。她开始怀念每天中午课桌里的柠檬茶，怀念他的一切，最要命的是，她发现，她不能没有他。

经历了六天的思念折磨之后，她独自一个人去了那家总和他一起去的饭店，坐在他爱坐的位子上，叫了一杯柠檬茶来喝。刚抿一口，她就感觉到了那几缕隐藏在酸酸甜甜中的清苦的味道，茶的味道。她恍然明白，原来没有波澜的爱情就不会被珍惜，没有尝过苦味就感觉不到甜味的可贵，是她自己埋葬了这段感情。

每个女孩都有渴望爱情的时候，大多数人在渴望爱情的同时，却又在惧怕爱情。如果一个人根本就不相信爱情，也就无所谓失败了，也无所谓恐惧了。可既然相信了，投入了，就必须冒这样那样的风险。

爱情需要奉献，需要付出，然而所有的投入并不能保证你就能得到你理想中的结局，因为爱情永远是捉摸不定的东西，你不知道它什么时候开始，也不知道它什么时候结束。年轻的女孩，如果你想要追求爱情，那么你首先要足够坚强，能够直面爱情带来的伤痛，因为每一次伤痛都是一次成长，每经历一次失败，一次折磨，你对痛苦的承受力就会增强一分。

别沉浸在所谓的伤痛里无法自拔从此自怨自艾、怀疑一切。人生本来就是一个轮回，经历过很多事情，然后回到起点，接着又是一个轮回。如果愿意放弃对那种美好爱情的追求，甘心过一种平淡的生活，当然也就不用经历那些痛苦的挣扎了。

人们经常把爱情的失败归咎到对方头上，其实这是一种很不客观的做法。要想追求爱情，首先要知道，爱是一种人性，变也是一种人性。随着时间、地点、环境的不同，每个人或多或少都会发生变化。很多年轻的女孩子都向往永恒的爱情，可世界上没有不变的爱情，只要人会变，爱情同样也会变，无论你付出多少，为对方做过什么，对于爱情来说都只是过去式，而影响爱情的却往往是一些正在发生或者将要发生的现实问题。

不把对童话故事的情结带到现实生活当中，因为现实不承认幻想。如果你曾经受过伤痛，也不要因为这些过往而怀疑一切怀疑情感。要相信爱情，相信美好，只有这样，你才会活出你应该拥有的幸福姿态。

二　爱得轰轰烈烈，不及平淡相守

很多女孩都经历过这样的事情：磨磨蹭蹭地在楼上洗漱化妆，心里却在一边美滋滋地享受被人等数个小时的快乐和满足，一边担心楼下那个人到底有没有不耐烦；正在手忙脚乱地做着家务，门铃却喋喋不休，拉开门居然什么人都没有，取而代之的是一大捧娇艳欲滴的玫瑰；清晨醒来心里空荡荡的，却异常想念身在异地的他，于是便什么也不顾请了假直奔车站，虽然面临被扣工资的遭遇，但一想到即将出现在他的视线，心里便莫名其妙地兴奋……

这种浪漫得近乎疯狂的爱情，有时候在别人眼里是没有理性的。但是，沉溺其中的年轻女孩子却浑然不觉，甚至恨不得跟他的每一次共同经历都能这么荡气回肠，都能在很多年后想起来还记忆犹新。

是，你要知道，生活不是连续剧。轰轰烈烈、荡气回肠固然有它的动人之处，但是，什么事情都有平淡下来的那一天。而且，轰轰烈烈刻骨铭心的爱情往往都是因为它有一个凄美的结局，以惨痛为代价，以血色为渲染，有时候甚至代表着的是生死离别。

曾经听过这样一个爱情故事：

一天夜里，男孩骑摩托车带着女孩超速行驶。

女孩：慢一点，我怕。

男孩：不，这样很有趣……

女孩：求求你了，别这样太吓人……

男孩：好吧，那你说你爱我。

女孩：好，我爱你。现在可以慢下来了吗？

男孩：紧紧抱我一下。

女孩紧紧拥抱了他一下。

女孩：现在你可以慢下来了吧？

男孩：你可以脱下我的头盔自己带上吗？它让我感到不舒服，干扰我驾车。

第二天，报纸报道：一辆摩托车因为刹车失灵而撞毁在一幢建筑物上。

车上有一男有一女，一个死亡，一个幸存……

驾车的男孩知道刹车失灵，但他没有让女孩知道，因为那样会让她感到害怕。相反，他让女孩最后一次说她爱他，最后一次拥抱他，并让她带上自己的头盔。

结果，女孩活了，他自己死了。

爱情会让人失去理智，陷入疯狂，它会让一个人心甘情愿、不计得失地付出一切，这样的爱情的确轰轰烈烈，但烟花虽绚烂，却不能长久。真正天长地久的爱情，是要细水长流的。

生活没有那么多的惊心动魄，也不可能天天花前月下，海誓山盟。再精彩的爱情，也有回归平淡的一天。所有的激情都会逐渐隐退，回到柴米油盐酱醋茶的俗世中来。要学会爱惜自己。爱情来了、走了，都以一颗平常心去面对吧，爱的时候认认真真，散的时候潇潇洒洒。不要每天生活的那么高调了，生活总还是要回归平淡的。

爱，并不一定要热烈，但一定要真诚。从某一个角度来说，平淡如水的爱情也是一种别样的轰轰烈烈。

也许，你真正应该做的就是，不要再去想轰轰烈烈的爱情是什么样的，如果真心的爱一个人，就认认真真的去好好待他。如果他愿意，那么，执子之手，与卿白头；如果他不愿意，那么，放弃，真心地祝福他。

一定要记住，平淡就是福。对爱情，永远不要奢望的太多，也不要奢望它有多完美，要学会满足，学会在平淡的生活里体会爱。

三　毫无保留的爱要不得

爱情心理有两种：

一是占有心理，也是大部份人的爱情心理，她们的爱情是需要回报的，是付出了要看到结果的，如果对方伤害、欺骗或利用了自己的付出，负面情绪就会出现，会妒忌，会痴迷，会伤心，会失望甚至会消沉，会放纵或自残、报复。也就是说，拥有这种爱情心理的女孩，是承受不起付出而没回报的代价，所以自然无法面对失败或怕受伤害的人，毫无保留地付出是不应该存在她们的字典里，否则可能会伤人害己。

二是付出心理，这样的爱情心理可以说是爱情最高层次也是最伟大的，犹如父母对子女的感情一样，爱上一个人，只求对方能幸福快乐，以对方的喜乐作为自己的喜乐，能包容对方任何的过错，能原谅对方所带来的任何伤害或背叛，只以为对方付出的过程作为自己最大的快乐来源，但不执著于任何结果，一切完全出于自身的心甘情愿，无怨无悔。

小孙与男友是在国外留学时的校友，由于同是来自广东，彼此又情投意合，感情进展得极其顺利。

回到国内不久，男友开办了自己的公司，而小孙则进入一家知名跨国公司，迈入朝九晚五的行列。他们没有像大多数情侣那样选择同居，而是过上了一种“半同居”的生活。时间长了，男友的事业步入正轨，小孙也逐渐得到了重用，两人时常聚少离多，可感情却没有像别人以为的那样慢慢淡去，反而更加的深厚了。

“开始也没想太多，我那时领着几个技术人员做调研，常常工作到半夜，开始怕影响她休息就住在办公室，后来干脆在那边租了间公寓把东西搬过去。这个项目做了将近一年，我们周末见面的时候老觉得又回到了刚认识那会儿，久违的浪漫感觉又回来了。”说起这些，男友颇感温暖。如此一来，既不影响彼此的工作，而且两人的感情反而比以前更好了。

“他的项目结束的时候，我们同时发觉，两个人的生活原来并不仅仅是一块儿过日子，这样有些距离反而更好，因为两个人各自的世界不但不矛盾，还更丰富了……我们就这样开始了正式‘分居’。”现在，小孙也很享受这种生活。

很多年轻的女孩认为爱一个人就是毫无保留地付出，或者被捧在手心里自己贪心地享受对方地付出，或者是每天都如胶似漆地黏在一起，其实，这样就大错特错了，因为每一个人都是独立的，我们首先是属于自己的，我们有思想，我们有个性，而不是把我们的全部都给对方。

从心理学的角度讲：一个人对另一个人的迷恋，付出，必然要求得到同等的回报，如果得不到，则产生负性的心理应激，失落、悲观、愤怒等等。

毫无保留地付出实际上是一种强迫症的表现，是内心不安全感的外在表现，往往会引起对方在潜意识里地排斥，在两性情感的天平上，一方的砝码过重绝对不行，必须平衡，否则迟早会倾覆，而且总是砝码轻的那一个先翻。

同样，“毫无保留”是一个值得商确的定义，因为一个人往往并不真正了解自己的一切，“了解和改变自己比了解和改变别人更难，但是我们往往别无选择。”因为年轻，你可能对尘世对人性都怀着美好的向往和信任，但是，这些存在都是复杂多变的，随着年龄增长，你会体味得越发深刻。

真爱需要自由的空间，爱一个人就要像放风筝，让他自由迎风起舞，一旦感觉累了，又能迅速收紧引线回到温暖的港湾。学会用理解的，欣赏的眼光去看对方，而不是以自以为是的关心去管对方。

持久的爱情源于彼此发自内心的真爱，爱是相对的，需要有付出也要有回报，建立在平等的基础之上。任何只顾疯狂爱人而不顾自己有否被爱，或是只顾享受被爱而不知真心爱人的人都不会有好的结局。

爱情就像投资，不一定投入越多，收入就越丰厚；它有它的风险，或许不知道什么时候就全盘覆没了。所以，在任何时候都要给自己留点打底，才不至于破产的时候真的一无所有。

四　择善而从一，别三心二意

小岚大学毕业后，就直接进了一家著名的集团公司培训部工作，一干就是好几年，顺顺当当，无风无浪。男友小林是小岚的大学同学，两个人一起来到这个城市。小林很能干，从没让她操过生计上的心，无论是炒股票还是做房产都挺顺。在外人看来，小岚的生活中没有什么不如意的事情。

但是小岚却一天比一天不开心，她觉得自己的生活十年如一日，平平淡淡，没有悬念，没有期盼，没有故事，光鲜的外表下面，人的情绪一天天地干涸下去，她终日闷闷不乐，思绪一直在神游。

就在她渐渐对生活没了信心时，一个叫小郝的男人点燃了她内心潜伏着的激情，他风趣幽默，不仅球打得好，歌唱得也好，最主要的是，他永远都是一副风度翩翩又儒雅大方的样子，这让小岚着迷。但是，她深知小郝根本不可能给她任何东西，她从一开始就对他隐瞒了自己有男友的事实，一直和他保持着暧昧不清的关系。

一天早晨，小岚起床后坐在梳妆台前打理自己的头发，小林走了过来，说“你今年还有假吧，还有的话，我也请年假，陪你出去玩一个星期吧。”

小岚本来是想不去的，可是看着热切而对她体贴有加的男友，实在不忍心拒绝，于是就答应了下来。出门在外，眼看着为自己跑前跑后、张罗忙碌的小林，小岚突然觉得自己干了一件多么愚蠢的事，她悄悄地把小郝的电话放到了黑名单里，她决定，从今天起，每天下班早点回家，然后做一顿丰盛的晚餐等小林回来。

记得当初看过绝代双骄之后有个朋友说：我今生最大的愿望就是找个花无缺那样的男人做丈夫，再找个小鱼儿那样的做情人。自然，这只是一句笑语，但是有些时候，女人就是这么贪心，总想能拥有一个完美情人，于是，舍不得这个，又忘不掉那个，这个人身上散发的迷人气质让她魂牵梦绕，那个人的温柔霸道又让她沉溺其中无法自拔。

其实，谁都知道脚踩多只船最终的结果。可是，女人有时候就是禁不住诱惑，明明知道是万丈深渊，却总要试上一试，企图能从中找到出口。

爱情，是一种很自私的情感，没有一个人愿意和另外一个人共同分享同一份爱。真正的爱情是不会让你左右为难的。有些时候，你其实并不爱那些被你拿来和别人对比了很多次的男孩，你只是喜欢他身上的某个优点。这也算得上是女孩的一点虚荣心在作祟，总以为自己可以找到更好的——要么学历更高，要么更绅士，要么社会地位更高。于是，一边在和眼下的这个人漫不经心的彼此应付着，一边又在寻找更好的时机企图物色一个条件更为优厚的。可是，一旦有这样一个人出现时，她又开始左右为难，不知所措，不知道放弃哪个、选择哪个。

有些女孩子总说，她要找一个很爱她的人，或者一个她很爱的人，只有这样，她才会好好爱好好在一起。那么，怎样才算是很爱的时候，你能回答的上来吗？不能，因为你自己也不知道。

没错，我们总是以为会找到一个自己很爱的人，或者找到一个很爱自己的人。可是后来，当我们猛然回首，才会发觉自己曾经多么天真。

假如从来没有开始，你怎么知道自己会不会很爱那个人呢？其实，很爱的感觉，是要在一起经历了许多事情之后才会发现的。

或许每个人都希望能够找到自己心目中的 Mr. Right，但是你有没有想过：在你身边会不会早已经有人默默对你付出很久了，只是你没发觉而已呢？所以，不要老梦想着完美情人的出现了，风度翩翩的白马王子只活在童话故事里。现实生活中没有，也根本不可能有。

这个世界上根本不存在完美的人，如果爱一个人，就要学着接受他的缺点。爱情本身就是一份承诺，一个连自己的情感都玩弄都不重视的人，怎么可能得到别人的尊重和爱呢？

五 别让你的情绪被他左右

很多女人一旦陷入爱情便会被其俘虏，做了爱情的奴隶。于是她的精神世界也被男人所左右，以其喜为喜，以其忧为忧。这是一个很悲哀的现实，这早已不是旧时代，男女是平等的，而且最重要的，女人是独立的，不是依附于男人的。

小琳是个聪明能干的女人，一个人兼职干了好几份工作，做家教、卖保险，每个月的收入比一般白领都要高。而男友整天无所事事，经常流连于各处酒吧，最后爱上了一个三陪小姐，携着新欢去了另外一个城市。小琳丢下手中的工作，疯了似的跑去找他，想挽回自己的爱情，最后，却沮丧地自己一人回家。

接下来，她却开始堕落了。先是保险公司老板的老婆打电话到她家里大骂她；接着就是一个个有老婆的男人出现在她的生活里，当然她也少不了挨人家老婆的骂。她把所有对前任男友的怨气发泄在成家男人身上，进行疯狂地报复，夺别的女人的老公。

保险是卖不了了，家教自然也当不成了，她把自己逼到了绝境。但周围的亲朋好友并不同情她，她本人却浑然不知。朋友偶尔跑过来和她聊天，她就像祥林嫂一样，没说几句就转到前任男友上，话题永远围绕着前任男友如何对不起她，一说就是大半天。朋友起初的一点怜悯心也被她这无休止地埋怨弄没了，周围人见到她就躲。最后小琳精神崩溃了，一个本来聪明能干的女人就这样毁灭了自己的生活。

作为情侣，从某种意义上说，你和他是一体的，必然会受到他的话语、言行、情绪的影响，但是，我们可以接受乐观的抛弃悲观的，不要把自己的情绪建立在他的行为上。学会调节自己，学会以平静的心态来对待一些事物。

心理学家表示，我们情绪是可以控制的，只要保持冷静，看待事物就比较客观，有自己的价值观、有自己的评价标准，就不容易被他人左右。

保持冷静是一个长期训练过程，在生活中一定要学会数数法或者深呼吸法，当你和他快发生争执的时候，当你要发怒的时候，当你听到奇怪的言论的时候……首先你要在心里默默地从一数到十，让自己平静下来，想想这些事情是不是真的，想想如果自己情绪焦躁、发怒有没有作用，能不能改变事实等问题，当你想明白了你就不会再有那么大的情绪波动了。

聪明的女人是不会把决定自己情绪的主动权交到男人手上，因为她们知道怎样对自己好，这个世界上没有什么东西是长久的，是永恒不变的，女人长期痛苦的一个极重要因素，就是慢慢屈从于男人，让男人来决定自身的价值。在男女的相互作用中，她们丧失了对自己内在力量的感觉，尤其当她们无力留住男人的爱时，她们会把暂时的丧失力量感与更为长久的无力感混在一起。其实，聪明的女人早就明白，一个男人可能离她而去，但并不能真正把她带走。只有她才是自己价值的实现者和实体的所有者。

别把你的情绪和他连线，从思想上和精神上，你都是独立的，不是从属于谁依附于谁的。情绪的主动权，只能掌握在你手中。

六　男人可以依靠，但不能依赖

一般来说，女人的依赖心理都是极强的，遇事时，不喜欢做决定，而是等着身边某个自己极为信任的人掌握主权；生活中稍微一有不如意，便想找个人诉诉苦，或者靠在他肩上大哭一通；习惯被人宠着被人护着，不管任何困难任何挫折，都有人一直冲在前面遮风挡雨。

很多女孩子，一旦爱上某个人，便把他的存在看得十分重要，有时候，甚至当成了生命里不可或缺的元素。人们常说：喝酒喝六分醉，吃饭吃七分饱，爱人只爱八分，留两分给自己。聪明的女孩，懂得在某些时候适当地依靠男人，但是从来不依赖男人。

在上大学的时候，小曼爱上了比自己大3岁的体育委员小赵。他英俊帅气，为人正直豪爽，而且还打得一手好篮球，是班里很多女孩子暗恋的对象，但他独独垂爱于娇小清纯的小曼，俩人算是一个有情一个有意，于是迅速坠入爱河，做起了羡煞旁人的鸳鸯。

毕业后，小曼就嫁给了小赵，她非常爱他，对他百依百顺，觉得小赵就是自己生命里的全部，他说什么就是什么，他的话她从来不怀疑。尤其是结婚后，她为了跟上他的脚步为了迎合他的兴趣，开始喝他爱喝的蓝山咖啡，尽管她从来只喝果汁；学着按他的口味做菜，虽然她根本吃不惯他一直钟爱的北方食物；强迫自己去看一点儿也不喜欢的足球直到凌晨四点。

有时候，小曼觉得她和小赵是一体的，她把爱他当成了一种习惯，偶尔会跟朋友调侃，她说："小赵是毒，是蛊，开始你可能觉得你只是单纯的喜欢他、爱他，可是时间长了，你会发现，你会对他上瘾，会把爱他当成一种使命。”

可是，让小曼万万没有料到的是，小赵在结婚后一年就有了外遇，她不明白自己到底哪里错了。她是那么地爱他，她为他付出了那么多，几乎爱他胜过一切，他怎么会做对不起自己的事，怎么会如此绝情呢？她觉得小赵可能只是一时冲动，她想只要给够他时间，他肯定能处理好这件事，重新回到她身边，可是，小赵去意已决。

耗了好几个月，使尽浑身解数也无力回天的小曼终于点头答应离婚，签协议书时，她泪眼朦胧地问小赵为什么，小赵沉默了好久，说：“你真的很好，无可挑剔，但是，我要的是老婆，是可以陪我一起奋斗一起生活的人，不是一株藤蔓，不是自己的影子，我希望我离开后，你能找回你自己，能为你自己而活。”

你要明白，你只属于你自己，不属于任何一个人，不依附于任何一个人，也只有这样，你的爱才有意义。不管到什么时候，都不能依赖男人，有时候适当地依靠他是无可厚非的，但是你不能丧失你自己，不能让他做你世界里的主人。适当地帮助他建造他的世界，但是永远都不能活在他的世界里，因为在男人的世界里，事业和爱情有时候就是一个自相矛盾的集合体。

记住，别一味的依附别人，用爱他之后剩下的那两分好好爱自己，因为这个世界上，只有你自己是可以依靠、可以信赖的。

七 学会接纳他，而不是改变他

恋爱中的男女经常会因为彼此某些习惯或者特点格格不入而苦恼，而这个时候，男人就会说：你不喜欢的地方，我统统都可以改掉。天真的女人往往都会信以为真，沉浸在被爱的甜蜜里忘乎所以。时日一久，女人就会觉得自己就是他的全部他的唯一，就会开始利用恋爱的特权改变他，让他在自己的心里不断地向着完美情人的方向靠近。

殊不知，想改变他人，就是悲剧的开端。

小文和小南本是一对很恩爱的情侣，可是，在时间的洪流面前，他们还是只走了两个春秋就分道扬镳了。

刚刚开始恋爱的时候，小雯觉得，小南身上的缺点都是优点，是只属于他自己的特色。可是，到后来，两人慢慢习惯了彼此，小文越来越觉得小南真的不过如其他男人一样，是个凡夫俗子。

于是，她便开始挑三拣四，一会儿嫌他走路姿势不够爷们儿，一会儿又嫌他大男子主义不知道考虑女生的感受……就这样，他们俩每天就为了这些鸡毛蒜皮拿不上台面儿的小事无休止地争吵。而每到这个时候，小文就会说：“我这是为你好，这些都是坏毛病，我在帮你改正，你倒好，倒打一耙，真是好心没好报。”而这个时候小南也就不做什么绅士了，他说小文：“这就是最真实的我，趁咱俩现在还没走远、还陷得不是很深，受得了你就留着，受不了你就走人，我又不是非你不可。”

吵归吵，闹归闹，日子还是平淡无奇地过着。可是最后，小南还是走了，跟小文从此做起了天涯陌路人。

俗话说：江山易改，本性难移。想改变一个人的本性是一件极其痛苦的事情，想要改变的人痛苦，被改变的人更痛苦。每个人都有自己特定的人生和生命轨迹，这就是剧本情节，更是他自己的命，我们若想改变对方的人生和生命轨迹，就等于是在与道抗衡，结果可想而知，最终一切都是徒然，都是悲剧。

有些女孩子可能会犯嘀咕：我没有在改造他啊。其实，这种企图改造别人的行为或者心理每个人都有，只不过你没有意识到罢了。比如，你是不是会觉得他吃饭时狼吞虎咽的样子实在不雅？你是不是觉得他丢三落四的毛病很不好？你是不是觉得他有时候真死脑筋，做什么事情都不知道转弯儿？往往这个时候你就会给他提一些你的建议，你会希望他改掉这些毛病而按照你设计的轨道走，这就是改造别人的心理。

不要认为是他顽固不化，难道你就希望别人改造你吗？

每个人都有支配别人的欲望，因为每个人在潜意识里都希望自己扮演的角色是有影响力的。但是，任何改造别人适应自己的行为都只能以失败收场。没有人会像泥人一样，任我们随便捏，我们能掌控的只有自己。关系越亲密的人之间，越要相互尊重对方的意愿和性格，千万不要试图用自己的价值观、人生观去改变对方，更不要试图把自己的意愿和意志强加于对方，否则，再好的关系也会逐渐疏远，最终会分道扬镳各奔东西。

你要知道，试图改造他，让他适应你，只会引起对方的反感。聪明的女孩子，则会顾全大局，比如为了更好地合作，为了减少冲突，为了共同的幸福，就会在一些非原则的问题上，选择妥协，改变自己去适应他。当然，这里的适应他并不是盲从，而是很有原则的尊重，尊重他的意愿，尊重他的选择，尊重他的爱好，尊重他的性格。卡耐基曾说：“想要别人怎样对你，你就要先对别人怎样。”如果你做到了这些，那么，你得到的不仅仅是他的爱，还有他的敬重以及一颗永远知道宽容别人的心。

八　站在对方的角度上思考问题

有这样一则小笑话：

妻子正在厨房炒菜。

丈夫在她旁边一直唠叨个不停："慢些，小心！火太大了。赶快把鱼翻过来、油放太多了！"

妻子脱口而出："我懂得怎样炒菜。"

丈夫平静地答道："我只是想让你知道，我在开车时，你在旁边喋喋不休，我的感觉如何……"

我们不难看出，这个丈夫其实在告诉妻子，人与人之间的相处，要懂得换位思考。

换位思考，是设身处地为他人着想，即想人所想，理解至上的一种处理人际关系的思考方式。是我们学会做人、学会做事的第一步。我们的老祖先早就说过，己所不欲，勿施于人。就是说，我们在做每件事情之前，要站在别人的角度考虑一下，如果我们自己都不希望这样的事情发生，那么我们就不要去做这件事。

生活中，大多数男人都喜欢温柔善良、善解人意的女人。因为这样的女人无论发生什么事情都会先站在对方的角度上去考虑对方的感受，去想解决问题的方案；她不会把男人当做是自己的私有财产，不会时时刻刻提醒眼前的这个男人怎样为她付出。大多数男人都认为，跟这样的女人生活在一起不会太累，反而生活的很轻松，很自然。

很多年轻的女孩子可能会觉得，换位思考、设身处地地为对方着想会不会失去自我、膨胀对方的虚荣心。其实不是，学会换位思考，不是让你妄自菲薄，不是让你不相信自己的能力，而是让你对自己有一个正确客观地认识；学会从消极中寻找积极的一面，让自己的心情快乐起来；

学会换位思考，在你与他的相处中，你会发现他的很多优点，同时你也会包容对方更多缺点。换位思考的结果是双赢。深刻的道理，往往是简单的；而简单的道理，真正做到了就不简单。

人与人的观念本来就存在差异，利益更是不可能相同，所以，在与对方的相处中，难免会有误会，难免会有摩擦。如果对此耿耿于怀，心中就会有解不开的“疙瘩”；如果能深入体察对方的内心世界，或许就能达成谅解，简单地说就是将心比心。

换位思考是做人的一种气度，是做人的一种境界。学会换位思考是做事的前提，是做大事的必备条件。

不要在他工作繁忙的时候抱怨他没有空陪伴自己，不要埋怨他不懂你不理解你，不要嫌弃某些陪伴了他很多年的习惯。当你在埋怨和烦恼中挣扎时，不妨换个角度想一想：你所要求的，你自己做到了吗？在他付出的时候，你是在一味地享受呢，还是以同样的代价付出了？

九　别做“红太狼”，学会等价交换

前段时间，一首《要嫁就嫁灰太狼》红了起来，几乎每个女生的 MP3 里都有下载；大街小巷总会有某个角落里飘出这个轻快明朗的旋律；也成了女生们出入 KTV 的必点之歌。

歌里唱得没错，灰太狼是男人们的榜样：

一点自以为是的狂

失败从来不受伤

两只四处张望的眼

寻找胜利的方向

一往无前的向前闯

爱是不变的信仰

他是他们的狼

是我温柔的郎

认真执着顽强

于是，很多女人也在忙碌之余发出不着边际的感慨：要是每个男人都像灰太狼那样多好啊！她们还为灰太狼总结了十条优点：爱老婆胜过爱自己，热爱劳动，聪明能干有毅力，动手能力强，为老婆花钱从不心疼，不花心，对老婆从一而终，从不藏私房钱，会做饭，会讨老婆欢心。

至于红太狼——灰太狼的老婆，在动画片里是一只凶凶的母狼，热爱家庭暴力，但内心还是很善良的，她爱自己的老公和孩子，把自己打扮得豪华高贵，认为自己是天下最美的女人，显出了高贵的傲气。总是逼着灰太狼去抓羊，等着灰太狼把羊乖乖地捉回来，结果也总在她的意料之外。

红太狼用现在的话来说是个刁蛮泼辣又很高傲高贵的女人，对丈夫灰太狼又爱又恨。乍一看很野蛮、很暴力，但内心深藏着女人的温柔，尽管灰太狼一直抓不到羊给她，她还是对灰太狼无尽地爱，不离不弃。

很多女人都说，红太狼式的爱情才是真正的爱情，但是，男人却不这么认为，他们说，做男人，就做灰太狼，但是，做女人，千万别做红太狼。原因很简单：爱情是两个人之间的事情，没有哪个男人喜欢每天都面对一个好吃懒做、对他呼来喝去、动辄就使用家庭暴力的女人。当然，红太狼爱灰太狼，这是无可否认的。她的爱藏在心里，深的可能连她自己都没有发现。

但是在现实生活中，男人不爱这样强大高傲的女人，即使你在心底爱着他。他们喜欢温柔甜美、善良贤淑、善解人意的女人。

爱情，是两个人为彼此付出的同时享受对方的付出。而等价交换，在两个人的关系中则显得尤为重要。

如果说经济是最直接验证等价交换的，那么迁就与理解呢？在爱情中，是否谁最懂得迁就，谁就是最爱的那个人？渴望被爱的年轻女孩儿们，一定希望能找一个包容自己的男人。这种包容能够让自己的缺点与坏脾气不必隐藏，可以做真实的自己，无论犯了什么错误都能有一个温暖的怀抱等候。那么，男人们一定希望自己的女人能够温柔体贴，理解自己工作中的压力，能够为自己操持家务，不必让自己再烦心于别的事情。可是真正契合能够满足双方要求的又有几个。谁愿意做改变去满足对方，这似乎是一个爱与不爱的标准。很多时候，女孩说，你爱我吗？你都不肯为我怎样怎样？这其实不是幼稚的表现，而是潜意识里的一个疑问。尽管这个问题大多数时候显的很愚蠢，因为它最后总是以没有答案而不了了之。

爱与不爱，往往在一念之间，在觉得谁爱的比较多一些的一瞬间。没有人愿意像傻子一样一味地投入，吃爱情的亏。该怎样判断对方用了多少爱呢？是不是好比对方投入半斤，你就绝不能放上八两，否则就会显得你很廉价？衡量爱情的天平似乎要比商品货物难很多。因为它需要衡量的是人内心的真实情感。若想掌握它，就在等价交换的基础上用一生的时间去磨合吧。

十 放弃猜忌，给彼此一些空间

小张和小璐大学毕业后都有了令人羡慕的工作，买了房子、车子，虽然两人并没有正式办结婚手续，但是谁都知道，这是早晚的事情。随着小张的事业青云直上，心疼小璐工作的辛苦，干脆要小璐在家当起了全职太太。

不久，她听说和她有类似生活的女友离婚了，顿时，她对小张对自己的爱也疑神疑鬼起来，觉得小张也会是一个有钱就会变坏的男人。于是，在猜忌心理的折磨下，她开始偷偷翻查小张的手机，经常搞突然袭击打电话查岗，甚至雇用私人侦探跟踪小张。

刚开始的时候，小张还能忍受，还会解释，后来，小张真的就如小璐所想的那样出轨了。当然，俩人的爱情生活也从云端直坠谷底，小璐的爱情走到了尽头。

女性的猜忌心里总是比较强，这是由女性生理结构和心理结构决定的，女人从生理担负着生育子女的责任，因此，对子女和家庭有着本能的重视，女性的心理最根本的特质就是“关系取向”，女人最在乎的是维持彼此间的和谐关系，而不像男人那样关注胜负输赢。

所以，女性会在感情生活中，格外用心，分外敏感，会体察对方对爱情和自己一丝一毫的变化，对细节关注之深，对变化敏感之极，都令人叹为观止，就像一只机灵敏锐的猫，时刻留意着周遭的动静。

其实，女人猜忌，大都是因为太在乎，太爱一个人，才会时时猜测他的心思会不会游离于自己。但是，任何事情都有一定的度，如果你过分猜忌，不仅不会让他感觉到你是因为在乎他而和你重拾甜蜜，反而会使他离你越来越远最终弃你而去。年轻的女性朋友们，如果爱他，就给他空间，这其实也是在给你自己空间，试想一下，你愿意被别人整天怀疑、像盯小偷一样盯着吗？

猜疑，是人性的弱点之一，历来是害人害己的祸根，是卑鄙灵魂的伙伴。一个女人一旦掉进猜疑的陷阱，必定处处神经过敏，事事捕风捉影，对对方失去信任，对自己也同样心生疑虑，损害正常的关系和交往，影响自己的身心健康。那么，在交往中应该如何消除猜疑心理呢？

1. 用理智力量克制冲动情绪的发生。当发现自己开始怀疑对方时，应当立即寻找产生怀疑的原因，在没有形成思维之前，引进正反两个方面的信息。现实生活中许多猜疑，戳穿了是很可笑的，但在戳穿之前，由于猜疑者的头脑被封闭性思路所主宰，却会觉得他的猜疑顺理成章。此时，冷静思考显然是十分必要的。

2. 培养自信心。每个人都应当看到自己的长处，培养起自信心，相信自己会和他处理好关系，给他留一个贤淑、善解人意的好形象。

3. 学会自我安慰。如果感觉自己开始怀疑对方时，应当安慰自己不必多心，生活中的误会比比皆是，不要为了小事斤斤计较，摆脱精神上的困扰和挣扎，不仅是精神上的一次小小胜利，还能使怀疑烟消云散。

4. 及时沟通，解除疑惑。两个人在一起生活，难免会有摩擦会有误会，有时候，如果误会得不到尽快的解除，就会发展为猜疑，猜疑不能及时解除，就可能导致不幸。所以如果可能的话，最好和他开诚布公地谈一谈，以便弄清真相，解除误会。生疑之后，冷静地思考是很重要的，但冷静思考后如果疑惑依然存在，那就该通过适当方式，同对方进行推心置腹地交心。若是误会，可以及时消除；若是看法不同，通过谈心，了解对方的想法，也很有好处；若真的证实了猜疑并非无端，那么，心平气和地讨论，也有可能使事情解决在冲突之前。

十一　别做他人爱情中的配角

女孩如花一样的年龄，悄悄盛开在枝头，娇羞如熟透的柿子，明媚如夏日的骄阳。而这个时候，爱情往往都会悄悄降临，叩开她们的心门。但是，与大众心理不符的是，很多年轻的女孩子都会爱上已婚男人，她们认为已婚男人成熟、稳重、懂得疼人、幽默、会看女孩的心思、永远知道你想要什么。

于是，虽然知道沉溺在地下情感中是一枚定时炸弹，很多女孩子还是义无反顾地赴汤蹈火了。

小月如在欧洲留学时爱上了一个有妇之夫。他是中欧人，大她二十多岁，有一个很优雅很能干的妻子，一个聪明活泼正在上初中的女儿。

几乎所有人都在反对这段恋情，可是，小月如还是飞蛾扑火般地沦陷了。她说："在看到他的第一眼时，我便有种感觉，就是他了。他和我交往过的男人截然不同，无论我们在一起做什么，他都让我感觉非常地踏实和安心，他总能变着花样地给我新鲜感。他来自和我完全不同的背景，这很让我着迷，他也是如此地着迷于纯东方的我，我们都喜欢纯粹的东西，谈感情，也是一样。”

然而，开心的背后却总是令人恐惧的孤独和难以启齿的痛苦。每当他离开小月如按时回家，每当周末小月如独守空房，却不能给他打一个电话的时候，巨大的悲哀和凄凉就会袭上她的心头。

小月如也深知离婚对他来说是一件不可能的事情，就算夫妻感情再不好，想到对他女儿的影响，他也会坚持如此过下去。更何况男人往往把名誉看得比一切都重要。

于是，小月如很乖巧地对离婚一事只字不提，安安分分地做着他的地下情人，心里的苦化作苦涩的泪经常湿了枕巾伴她入眠。

记得张爱玲的《红玫瑰与白玫瑰》中男主人公振保有这样一段内心旁白：

“也许每一个男子全都有过这样的两个女人，至少两个。娶了红玫瑰，久而久之，红的变了墙上的一抹蚊子血，白的还是“床前明月光”；娶了白玫瑰，白的便是衣服上沾的一粒饭粒子，红的却是心口上一颗朱砂痣。”

现实生活中，很多男人就是这样，家里有温柔娴淑的白玫瑰，却还要在外面找青春靓丽的红玫瑰。单纯的红玫瑰以为自己会是他最终的归宿，却不知你只是他的驿站，他也只是你的过客，他只是累了，想在你这儿歇一歇，等到养足精神了就马上拍屁股走人。

第三者的爱情注定是卑微的、见不得光的，即使你们真心相爱，他能为了你放下对另一个女人的责任吗？即使他离婚、娶你，这样善变又没责任感的男人你敢要吗？即使你们经过艰难的磨难最终在一起了，你们能得到别人的理解和祝福吗？

别拿自己的青春去赌，那么美好的一段年华应该给懂得珍惜你的人，而不是投注到一个不能给你任何未来的人身上。即使他能给你快乐、能给你更多其他任何人都给不了的，可是，那又能怎样？你的付出后面背负的是什么？是众人的骂名、是不被理解的苦痛、是对他默默地等待，是包容他的一忍再忍。爱情，本是一件很快乐的事情，何必为了一个只能给你一时快乐和富足的男人而隐忍地过地下生活呢？

你还年轻，以后的路还很长，理智一点，不要拿着自己的青春去赌这样一局胜算率几乎为零的戏。在爱情里，你要做主角，而且必须是主角，不能是任何一个人的配角。打个不太恰当的比喻，别人吃剩的残羹冷炙，你还感兴趣吗？

十二　为你的爱情保鲜

爱情，其实就是一场赌注。那些赢家往往都能用最小的投资赢得最大的回报。那么，成为赢家的秘诀是什么呢？

有这么一对夫妻，结婚都好几年了，但是，却一直都如朋友般客客气气的，“对不起”、“谢谢”之类的话更是经常挂在嘴边，更重要的是，他们一直都恩爱如初。

外人都很不解，问他们保持爱情新鲜感的秘诀是什么？

他们笑笑说：“做恋人的基础是朋友，要懂得互相尊重，不能因为对方是最亲密的人而觉得他为你做什么都是理所当然。要从小事做起，注重细节。”

聪明的女人懂得爱情是双向的，她们不仅在付出，而且还懂得怎样抛小爱引大爱。如果想你的爱情一直都新鲜如最初，不如学学这些做法吧：

1. 给他口味上的惊喜

你知道他喜欢什么类型的食物吗？知道他爱吃什么点心什么小吃吗？知道他对什么食物情有独钟吗？如果知道，那最好不过了。如果不知道，那么，日常交往中，相信你也有注意到，他吃什么东西时很开心而且会连连夸赞。这个时候，你就要用心了，记住他的这些口味，在他不经意的时候买给他，给他一个惊喜，这虽然只是一件小事情，但是他肯定能从这小小的举动后面感受到你的良苦用心，定能回馈你以浓浓的爱意。

2. 对他向朋友一样客气

很多人可能觉得不可思议，既然是恋人，就应该是最亲密的人，每天都这么客客气气的，不显得生分吗？其实不是，不管是谁，他做的每一件事情，都希望得到别人的尊重和认可，恋人之间也是如此。当他为你做了一件“举手之劳”的事情时，适时地给他一个甜美的微笑并说“谢谢，辛苦你了”，相信他听了之后心里肯定是满满的甜蜜；当他正在认真地做着某一件事情时，你不小心打扰到他了，对他歉意的笑笑，然后告诉他你不是故意的，随后递给他一杯浓浓的咖啡，这时，即使你真的打断了他一个很重要的思路，他的心里也不会有无名的火，反而对你的善解人意更加欣赏了。

3. 小小体贴，浓浓爱意

生活中让我们感动的往往都是一些细微的事情。当他工作了一天疲惫的回到家你有没有为他送上一杯热茶呢？当他心情不好的时候，你有没有识趣地走开留给他一个独处的空间呢？当他加班到凌晨时，你有没有为他准备爱心晚餐放在微波炉里热着，并附上纸条让他感觉不是一个人在吃饭呢？

在对方的世界里，这些贴心的事情不是谁都能做得来的，他的习惯你肯定比谁都了解，那么，就记住这些小习惯，从小事情上让他感到温暖，感到那浓浓的爱意。

4. 让他的胃依赖你

俗话说：要抓住一个男人的心，首先要抓住他的胃。这句话说得很有道理。中国人的观念向来是“民以食为天”、“吃饭皇帝大”。

相信你肯定知道他爱吃什么口味的饭菜了，偶尔做给他吃，他肯定感动的不得了。也许有些年轻的女孩子根本连厨房都没进过，更别说做什么口味的饭菜了，没关系，如果你想的话，你也可以为他做出“温暖牌”爱心餐：利用周末回家跟妈妈请教几招，然后在自家练练，趁他不备做给他吃。他肯定知道你的厨艺的能耐，但是你为他的“破例”他肯定牢牢地记在心里，并且打心眼儿里感动。

5、给他关怀和激励

我们印象中的男人大概都是刚毅、勇敢、坚强、不服输吧。其实，男人也有他脆弱的一面，随着生活节奏的加快，日益困惑和苦闷，男性的心理负荷愈加沉重，需要通过各种方式和渠道发泄心中的郁闷，以缓解紧张的情绪，寻求安慰和平衡。抱怨便是其中的一种方式。

这个时候，不仅要给他关怀，还要给他鼓励，让他觉得自己还是那么强大，还是那么有影响力。这样才能使他不断暗淡下去的生活得以重现光芒，爱情的天空才能晴朗，爱的翅膀才能“在不可言状的幸福中栖落”。

把彼此的温馨感受记录下来，然后一起重温、分享。要学会制造小浪漫，不时地来点变化，使你们的爱情始终保持新鲜感，不要把你们的关系当做是理所当然的事情，要把每一天都看作是感情新的开始。

附：延长爱情“保鲜期”的小法则

都说爱情的保鲜期是 18 ~ 30 个月，但是，生活中，有些爱情却是在经历过风风雨雨之后仍然甘美如初，有些爱情却是稍纵即逝，如昙花一现。

为什么会有这样的区别呢？其实，幸福的男女朋友是这样做的：

1. 他们说“我爱你”

幸福地结合在一起的人会用语言表达他们的爱情。而不是说：“干嘛老问我是否爱你？不爱你会和你在一起吗？”

2. 他们相互非常亲密

相爱的男女朋友很乐意握住对方的手，把他（她）搂在怀里或者与他（她）亲昵温存。

3. 他们相互尊重和欣赏

幸福的男女朋友会谈论使对方满意的东西。“我的丈夫始终是我最好的听众”，一位妇女说，“不管是我工作的感受还是我对一个晚会的看法，不管我穿衣的方式，还是我做的饭菜，他都非常注意。他显示出因我而自豪。”

4. 他们彼此开诚布公

幸福的男女朋友要比其他人对对方更敞开他们的内心世界。他们诉说想法、感觉、希望和要求，同时还有病情、生气、思念和尴尬或者痛苦经历的回忆。

5. 他们互相支持

幸福的男女朋友在对方生病、遇到问题和危机时都会守在对方身旁。他们相互保护和照顾。

6. 他们通过礼物表达爱情

幸福的男女朋友常常因为普通的理由互赠礼物，或者常为对方干一部份工作。这些礼物的价值不是主要的，唯一目的是能为对方带来快乐。奖赏是幸福的表达或脸上的满足。

7. 他们接受合理要求也容忍缺点

每对幸福的男女朋友中都存在着合理要求和缺点。双方都清楚对方好的一面，可以更多地弥补差的一面。双方都更喜欢积极的反应，而不是消极地让过分繁忙影响相互间的感情。这并不是说不要请对方改变一定的行为方式，但他们不会过高地估计困难。

8. 他们为二人世界挤出时间

在重要事情的排序中，在一起是非常靠前的。他们知道爱情需要集中精力和时间，不乐意使他们分开的事情入侵。

爱情保鲜每天要做的：

帮对方做一件小事：如热牛奶、提醒对方按时吃饭的温暖牌电话。

一起拥有：如，打开一瓶啤酒，两人共享，或者一起听音乐。

拥抱：无论什么情况，记得常给对方拥抱，使彼此的相处充满爱的气氛。

说“辛苦了”，这句话会让对方疲劳顿消、精力百倍。

爱情保鲜每周要做的：

交流：每周不少于两小时的沟通。如果没有整段时间，可以化整为零，每天有空的时候就坐下来谈谈。

两个人的时间：比如，吃饭、散步、看电影或做两人都喜欢的事。重要的是有机会在一起消磨时光。

爱情保鲜每月要做的：

给他一个惊喜：算好时间突然出现在他面前；送他一个小礼物；给他做一次爱心晚餐。

爱情保鲜每3个月要做的：

暂时别离：周末和好朋友在一起。暂时分开，会使对方更加想念。

爱情保鲜每年要做的：

写情书：把往日的情书再读一遍。再写一封新的情书，表露爱意、互相评价，并提出今后的浪漫计划。写好后，寄出去——即使你们住在一起。

十三 如果决定离开，就不要回头

小静与男友相恋四年，其间几度分分合合，一直以来，她都很难作出一个了断。

他是小静的初恋，他们在大学校园里相爱，小静是个温柔可人、贤惠顾家的巨蟹座女孩，他却是个喜欢自由、向往流浪生活的双子座男生。也许是他身上有小静所没有的东西吧，她很喜欢和他在一起，和他在一起总是让小静充满幻想和希望。

但事实是他们在一起时，生活总是乱七八糟。小静有时候觉得跟他在一起真的很累，但她又舍不得离开。他好像是个永动机，永远不知道疲惫是什么，永远不会被打垮，他总是有一些奇思妙想，生活永远不得安宁。

刚毕业的时候，他们的生活压力很大，但小静愿意和他一起吃苦，两个人倒有些“相依为命”的感觉。现在生活慢慢好了，他很有能力，才工作了两年就连升两级，原以为最困难的时候都熬过来了，幸福应该已经不远了。不料一次偶然，小静发现他和另外一个女人却打得过分火热，从此她的心就彻底碎了。

即便如此，小静还是放不下他，一直以来，她都对他充满了依赖，她的生命里就只剩下他了。每次一想到和他分手，小静的眼泪就忍不住要流，她舍不得的不仅是他，还有这段四年的爱情。直到他对小静的感情越来越淡漠，她才醒悟，自己再不舍，也是该离开的时候了。

如果你们的感情正在一点一点地消逝，如果你们之间日渐淡漠，如果你决定离开他，那么，就快刀斩乱麻，迅速一点，别拖拖拉拉，藕断丝连。

当你们的感情出现裂缝时，当对方已经不爱你了，你的任何挽留和不舍都是徒然的，都是没有任何意义的。倒不如潇洒地离开，给彼此自由。即使你们曾经山盟海誓，但那些毕竟已经远去了，眼前的他已经不是原来那个说要和你一起慢慢变老的他。

如果是因为你们不合适，那么就更要迅速离开了。也许刚开始就是一个错误，现在，趁彼此都还有退路，就放手吧，有时候，放弃也是一种成全，当你真的对他没感觉的时候，不要以为可以慢慢培养感情，那是对两个人都不负责任的做法。

在轰轰烈烈的爱情总有平淡到只谈柴米油盐酱醋茶的那一天，在唯美的故事总有失去新鲜感只剩下情结的时候，在时间洪流面前，所有东西都是苍白无力的，都会变得渺小卑微，爱情亦是。

如果决定离开一个人，就不要回头，即使你发现你还爱着他，有一句话说：好马不吃回头草。年轻的女孩，别做那个回头的马，不要企图重拾那些甜蜜的碎片，即使你做到了，你们又重新在一起了，那又能怎么样呢？你们还能回到没有杂质的最初吗？

爱情，应该是纯粹得不含任何杂质的东西。不要妄想粘上裂痕你们还能甜蜜如初。决定了要走，就给自己一个交代，既然要走，就走的彻底一点，不要回头，不要给自己留后路。

谁都知道，离开一个跟自己有很多甜蜜回忆的人是多么痛苦的一件事情。但是，放手也许能成全更多人的幸福。与其这样绑在一块儿彼此不开心，不如给自己和对方一个机会。有伤口是难免的，那就交给时间去处理吧，时间是万能的魔术师，它能帮你忘了伤忘了痛，它能让你变得坚强勇敢。

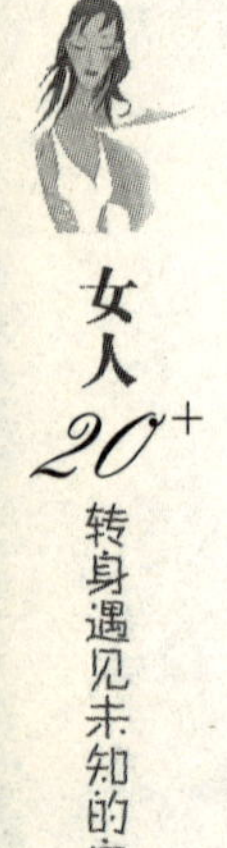

第七章　婚姻：

从宿舍到家庭的转身

一　要“潜力股”，不要“王老五”

小林个头只有160cm，相貌平平，家境贫寒。大学毕业后就进了一家公司，默默无闻的呆了五年，一直都没有女朋友，眼看着他稳稳当当地步入了大龄青年行列，几个关系不错的朋友甚是替他着急，但是，感情是他自己的事情，没有女人愿意嫁给他，朋友也只能是干着急。

尽管他爱情不顺，但是工作中却是顺风顺水，深得大家一致好评。他才思敏捷，积极进取，待人文温尔雅、彬彬有礼、说话妙语连珠，很有绅士风度，大家都很喜欢跟他聊天，有事也都愿意听他意见。同事们都说这小伙子人不错，可惜就是条件有点差……

公司新分来一个女大学生叫小文，长得很秀气，单位好几位帅哥追求她都没成功，数月后传出她和小林恋爱的消息，大家都对小文投来迷惑的目光。不久后小林和小文就租了房子结婚，生子，日子虽清苦，但很恩爱。

小文和许多女人一样上班下班，相夫教子，辛苦持家，闲时她也会去学着炒些低价股，也有了些收益。小林因工作出色，被提拔为副总经理。后来，他们搬进了自己的房子，温馨，舒适。再后来，他们有了自己的车子。

大家都很羡慕小文，夸她聪明，会持家，夸她有眼光，找了个有钱的老公，并请她把成功的秘方奉献出来共享。文诙谐地说：“我这辈子成功的秘诀就是找了个可以挖掘的如小林这般‘潜力股’的男人。男人如股票，小林就是一只很好的潜力绩优股，你们慢慢理解吧。”小林说：“每个成功的男人背后都站着一个好女人，如果没有小文，那我这只潜力股永远变不成绩优股。”

现实生活中，很多年轻的女孩子都妄想找一个有钱有权、帅气、体贴、懂得疼人、对她呵护有加的男人，这无异于做梦。这种男人只会出现在童话故事和言情剧中。现实生活中，“钻石王老五”大都是身边“彩蝶”成群结队，年轻的女孩子，你还愿意拿着青春站在那里排队等吗？

有人说，婚姻是男人的学校，女人是男人的导师。意思就是说男人都是不成熟的，不完整的，需要修砌，需要建塑。刘墉曾在一篇文章中这样写道：“女人呐，最能干的有‘帮夫运’，最幸福的有‘旺夫运’。”

与其拿着自己的青春当那些“王老五”的赌注，还不如找一支“潜力股”去好好挖掘他，塑造他，帮他实现梦想、实现成就。其实这个过程中，你也是在帮你自己圆梦，你也是在修葺你自己。

有炒股经验的女人都知道，炒股与择偶有很多相通之处，比如它们都是充满了无数选择和变数，可以让你狂喜也可以带来大悲，都需要投入时间、精力和一些运气，更重要的是女人要具有高瞻远瞩的素质。

不同类型的男人就是不同类型的股票，关键是选股，是否选对股票，成功得失已决定了大半。“王老五”他自恃自身的优越感，根本是一副居高临下的姿态，始终想拿捏你，更别说通过你影响他了。但是“潜力股”的男人就如小林和小文所说的那样，要有好女人去炒作，去挖掘，这样他才能成为绩优股。

学着聪明点、明智点，选对象不要选有“钱途”的“王老五”，要选有“前途”的“潜力股”，在物欲横流的现代，绝对不可为眼前的金钱和外表所迷惑而选错了路。

二　爱他，就放开手

人人都知道“爱”是自私的，如果爱一个人，就希望对方无论是眼里看的、心里想的都是自己，绝不允许“吃着碗里的，还想着锅里的”。可是这样无形中就给了对方很大的压力，一旦你们的“新鲜期”过了，他对你的“自私”就会反感，从而对你也就慢慢疏远了。

有这样一对年轻的夫妻，丈夫英俊潇洒，事业有成，工作上和朋友之间的应酬比较多。妻子却天生是个小心眼，只要丈夫外出她的电话就会一个接着一个，你在哪了，不许胡混等等问个不停，丈夫回到家里她还经常翻看丈夫的手机，寻找一些罪证和蛛丝马迹。发现一点问题，她就会和丈夫大吵大闹，甚至学会了盯梢，还经常到丈夫的工作单位进行巡查，在多次劝说无效的情况下，丈夫无可奈何的选择了离婚。

事后，这位妻子说：“我是因为爱才会这样做呀。”虽然爱是自私的，可是她却忘了爱的最终底线，那就是信任、理解和宽容。如果就连最基础的信任都没有，还谈得上什么爱情，一旦一方的承受底线被打破，那后果就是不堪设想的。

当拥有自己心爱的人之后，人们都想把对方占为己有，天天享用。如果知道对方认识了新朋友，或是出去玩没把你带上就变得郁郁寡欢。其实人的占有欲很强。你希望他有什么事都跟你说，都找你商量，交了什么的朋友也让知道，并向你报告行踪。日子久了，你很高兴地发现他没有背叛你，可是他对你的专制已无法接受了，甚至离开你。他是爱你的，只是你的占有欲把他的爱粉碎了。

每个人都有自己的生活空间，即使和爱人一起共享时，也希望保存自己的一片小天地。如果没征求对方的意见而强行闯入，不但会损害自己的形象，更有可能导致破裂。

爱他，就要给他一定的空间，这与自私是不矛盾的。有两句名言说得好：爱情好比放风筝，风筝飞的再高，只要线还在你手中，就不要担心风筝会一去不复返；爱还好比手中沙，你抓得越紧它洒落的越快；聪明的你一定能领略其中的道理。

不是所有人都喜欢恋爱整天黏一起的，特别是交往时间久了双方的缺点都暴露出来，更需要时间的思考和磨合。而且每个人的个性都不同，有人喜欢黏着，有人喜欢有点距离，既然爱对方就要为对方想想，人家是不是喜欢整天黏着的，如果不喜欢就要留出空间，否则就会适得其反。

有心理学家说，人与人之间最好的距离就是箭猪之间的距离，箭猪之间的距离就是既不会刺伤对方还可以为双方保暖，共同防敌。

其实家庭生活在某种程度上和工作是一样的，每个人都需要一个属于自己的空间和环境，就像隐私权一样，不希望别人打搅和破坏。生活中，我们都要学会给对方一个空间，让对方既能感受到温暖，又能充分感受自由。如果丈夫在外面工作，作为妻子的你在家疑神疑鬼，处处限制自由，相信他是干不好工作的，家庭“要求解放”的战争也会经常爆发。

两个人生活在一个环境中，如果没有信任和理解，就会心存猜忌，处处设置障碍，这样就会产生不和谐的因素，影响水的正常流动。可能一方会因为爱处处包容，一方却肆无忌惮的处处为难，当堤坝越堵越长，水的阻力越来越大，一旦超越最后的底线时，大水就会冲破堤坝，一去不回头。

所以，夫妻间的生活要以爱为基点，多一份信任，多一点理解，多站在对方的立场想一想，给对方一个自由的空间，相信给他空间的同时，你也给了自己一个空间，那就是信任和宽容的空间。只要他是为了家庭、为了工作和一些朋友正常的交往，你就不妨给他一个良好的环境，在你背后的鼎力支持下，他工作起来也会充满无穷的动力。

三　经济制裁，只会让他越走越远

人们都说，男人有钱就变坏。我们且不管它是真是假，这个问题，已经令大多数女人懊恼了，也成了婚姻生活的暗礁。很多人小小翼翼地去航婚姻这条船，但还是在“经济”这块暗礁上船破而分道扬镳了。

婚姻生活中，女人们往往都会对丈夫实行“经济制裁”手段，不给他变坏的根基，但是，事实往往适得其反，正所谓“你有政策，我有对策”——男人们开始想尽各种方法给自己留私房钱了。我们且不管他藏私房钱的动机是好是坏，就这一举动，对女人而言，他已经是犯了不可饶恕之大罪了。于是，一场家庭经济风暴就在所难免了。

敏敏是个很传统的女人，她认为女人不应该把更多的精力投入到事业中去，而是要好好持家。对于她来讲，家庭、老公和孩子才是她生命中最重要的东西。所以，她是严把各个关口，不容任何人觊觎她拥有的一切。可最终，她还是把丈夫推到了别的女人的怀里。

传统的女人对经济总是异常敏感，她也一样，对丈夫的工资卡和经济流向管的特别严，因为长辈们都说“男人有钱就变坏”，她觉得她这是在把丈夫日后变坏的可能性扼杀在萌芽中。

可是，丈夫却在她的这种压迫下痛受煎熬。每月的工资刚发下来就要如数上交，兜里平时只有打车的零用钱，有时候下班了几个同事约着出去坐一坐、喝喝酒，他也不敢去，兜里的钱根本不够买瓶好酒。

时间长了，同事都知道他有一个“严管”老婆，出去聚会、吃饭都不招呼他了，他觉得自己在公司里就像个局外人。

最终，他在沉默中爆发了：开始不回家，在外面胡吃海喝，后来干脆直接搬回公司住了，最后，认识了现在的娇妻，俩人搬出去同居了。

敏敏到他们公司闹了好几次，但任凭她怎么努力也无济于事，丈夫去意已决，她也只好在眼泪和痛苦中签了离婚协议书。分别的时候丈夫对她说：“是你把我推到别的女人怀里的，在你这里，我根本感觉不到自己还是个男人，倒像是一台拼命赚钱最终还落不下好的工具。”

每个女孩都渴望自己的男朋友能全心地爱自己，而很多男人也把自己对女孩子的爱体现在出让经济大权上。他们为了讨得女孩子的欢心经常会把这句话挂在嘴边：“我的，就是你的。”所以他们安然地把自己所有的金钱交给自己女友和老婆保管，这原本无可厚非，可是试问他们真的心甘情愿这样做吗？

如果女孩子同意做出这样的让步和决策：“你还是管理好你的钱，等我需要的时候找你要。”没有几个男孩子持拒绝的态度，一个男人连自己用心血和尽力赚的成果都保护不了，管理不了，那么怎么对他是否能成功地把握和经营自己的爱情婚姻有信心呢？一味的屈从和让步并不是保护和维护爱情的最佳方式。

不要老想着怎么掌管男人的口袋，要知道，有时候你越是管得紧，越容易出乱子，倒不如轻轻松松地让他自己理财，因为很多时候对于一个男人来讲，钱就是他的自尊他的尊严。特别是某些特定的场合，如果你管得太紧而是他掉了链子，那么，估计你们的好日子也快到头了。

两个彼此恩爱的人能走到一起、生活在同一个屋檐下，已经是一件很不容易并且值得欣慰的事情了，所以，女性朋友们，别给你们的甜蜜生活徒增烦恼了，让男人的口袋松一些，也许你只是相对松了那么一点点，而他的心就会温暖起来的。

四 “小女人”比“女强人”更容易得到幸福

某电视节目里曾讲述过这样一个故事：

一位三十多岁名叫阿华的女子，掌管着自己创办的年销售额近亿元的公司，可两次恋爱都告失败，身边只留下了她与第二任男友所生的儿子。

阿华坦言自己“不会做菜”，但有“经商的天分”，所以在合作经商的男友面前是十足的“女强人”，听不进对方的意见，结果两个男友先后离她而去。

很多女人就如阿华一样，有着某方面超人的天分和极强的事业心，梦想着在某一块领域闯出属于自己的一片天地。但是，正所谓有得必有失，做“女强人”的同时，“小女人”所能拥有的幸福便与她们失之交臂。

很多女人常常会问，小女人和女强人哪个更容易获得幸福？其实，这个问题的答案应该说是很模棱两可的，小女人也许在事业上不如女强人那样要什么有什么、呼风唤雨，但女强人也同样没有小女人那样在生活中过得有滋有味。

“做女人难，做名女人更难”。小品中的一句包袱道出的却是尴尬的现实，只是犯难的不只是有名的女人，还有很多没有名，但也同样成功的女人。社会对她们统一的称呼是“女强人”。在某网与某舆情调查中心近期开展的关于“中国女性社会地位”的网民调查中，八成以上受访者认为中国女性的社会地位近10年有所提高。但与此同时，不欣赏“事业型女强人”的受访者超过9成。其实，无论是在传统的东方国度，还是开放的西方国家，这些在社会角色中“越位”的女人都是看着光鲜，活着辛苦。在男人眼中，她们缺少温柔和母性，而婚姻和家庭不幸福也成了“女强人”

的潜台词。就像女性走向社会是历史的必然一样，女强人的出现也是必然，只是让“欺负”惯人的男人们接受起来，恐怕还需更长时间。

男人都有很强的保护欲望，尤其是对异性。因而，生活中，“小女人”往往比“女强人”更容易“受宠”。试想一下，一个比男人还男人的女人，哪个男人接受得了？幸福的、聪明的女人总是很会转换角色，会懂得在适时的时候扮扮小女人、撒撒娇，不是她太弱，不是她太傻，不是她不成熟，而是她深知，他的男人需要这种心理满足。

也许有的女人在事业，在能力上比老公强数倍，或者是在其他方面比老公优秀许多，但聪明的女人不会把这些优势带进夫妻的情感世界里来。那种处处在男人面前表现出盛气凌人的模样的女人，会让男人感到压抑，会想要逃避，这样的女人，无法享受到最甜蜜、最温馨、最浪漫的爱情。

《欲望都市》是美国多年来的热播剧，讲述了 4 个事业有成的单身女性的爱情和生活故事。其中名为米兰达的女主人公参加速配派对，当她告诉前 3 个单身男士她是大公司的代理律师时，没有人敢约她出去。碰到第四个男人时，为了获得约会机会，她不得不给自己编了个平庸的工作。

其实，做个幸福的小女人很简单，它不会跟你的工作、年龄相抵触，那是一种心境、一种为人处世的态度、一种生活方式，不需要你把工作中的激情和野心带到生活中来；需要你懂得经营夫妻感情；懂得如何满足男人的保护欲望。对于一个小女人而言，工作只是她生活的一部分，而对于一个女强人而言，工作几乎是她生活的全部，这也许是造成她们幸福指数落差大的根本原因。

做个聪明的“小女人”，学会如何和男人和睦相处，让爱面子好显摆的男人们在事业上充分发挥其聪明才智往“大”的方向发展吧，你尽可以在生活中展露自己乐观通达的天性和统筹兼顾的才能，调理好男人的胃，笼络住男人的心，营造一种舒适温馨的氛围，与他共享幸福快乐的生活。

五　婆媳关系，处理起来并不难

婆媳关系自古就是个令人很头疼的问题，应该说，能亲如母女、融洽相处的婆媳是少之甚少。有些女人甚至在考虑是否同男朋友深交或者结婚时，也把婆婆的因素考虑在内，因为她们认为，这也是关系着今后婚姻生活是否幸福的参考条件。

王某跟婆婆的关系算是处的云淡风轻吧，没有什么大的纠纷让丈夫夹在中间里外不是人，但是同在一个屋檐下，小吵小闹总是在所难免的。

在一个夏天的晚上，王某在阳台上晾好衣服后忘记了关上纱窗。晚上，成群的蚊子飞进屋里，这一晚可是害苦了开着房门睡觉的公公婆婆。

第二天，一无所知的王某像往常一样早早地去上班了，这时在家中的婆婆却闹了起来，她对丈夫和儿子大吼大叫："我说王某就是对我有意见，你们还别不信，她这是什么意思，大晚上故意不关纱窗，放蚊子进来咬我，在自己家我还不能睡个安稳觉，我这是造的什么孽啊！"

由于婆婆哭闹不止，丈夫无奈，只好打电话给王某让她道歉，王某觉得婆婆简直是小题大做、不可理喻，于是，就当什么事也没发生一样照常上班下班。

下班一回家就看见婆婆沉着一张脸，王某没有说什么。过了一会儿，婆婆忽然将纱窗重重地一关，王某知道这声音是关给自己听的，她是个直肠子，忍不住了，就朝婆婆嚷嚷："又不是什么大不了的事，您至于吗？有必要吗？再说我又不是故意的，忘了就是忘了。"婆婆也不是省油的灯："你是不是故意的你心里清楚，你就是对我有意见，你为什么就是不承认呢？做人干嘛这么阴呢？"

王某一听就火冒三丈了："谁阴了？谁阴了？我看是您吧，从我进门那天起，您就看我不顺眼，我告诉你，要不你儿子，我才不屑进你们家门呢！你以为你是谁啊？"

一旁的丈夫实在忍不住了，呵斥老婆道："王某，说话过分了啊！有你这样对长辈说话的吗？"

……

于是，一场婆媳战争演变成了一个家庭战争。

很多人一直在纳闷儿：作为共同爱着同一个男人的两个女人，为什么就不能和平共处呢？古人还爱屋及乌！

其实，婆媳矛盾的产生是有很多原因的，首先就是年龄差异，由于年龄相差甚远，俩人的价值观、思维方式、生活方式往往都大相径庭，这是一个代沟问题。其实就是作为长辈的婆婆思想里还残留着一定的封建意识，总想让媳妇按着自己的思维方式来持家，而崇尚自我的现代女性，根本容忍不了被别人牵着鼻子走，于是，矛盾便发生并且激化了。最后就是女人的占有欲了，对于母亲来讲，谁都不希望儿子的心中有另外一个地位比她还高的女人，而对于妻子来说，谁都希望丈夫给她的爱是完整的，是唯一的。这样，久而久之，婆媳大战便爆发了。

其实，想要处理好婆媳关系并不难，只要你掌握了一定的技巧，不仅能使婆婆和你和睦相处，还能使丈夫对你更加敬重、呵护有加。

第一，要像孝顺自己父母那样孝顺公婆。既然你选择了嫁给他，就要像对自己家人那样对他的家人，所谓"爱屋及乌"就是这个道理。

第二，要懂得宽容。婆婆年纪大了，作为长辈，肯定与我们存在一定的代沟，作为晚辈，一定要懂得多多包容，这是作为一个晚辈应该具备的品性。

第三，偶尔可以对婆婆美言几句。人都喜欢听好听的话，尤其是女人，在适当的时机，我们不妨多多夸奖她几句，这样无形中就拉近了距离。

第四，多陪陪婆婆。人到老年是最怕孤独，没事的时候，你可以抽出时间来多陪陪她，比如逛逛街、散散步，或者陪她买菜也可以，这样，从心底就把你们的距离拉近了，婆婆也不是看不见，你的良苦用心她会看得见的。

六　少些唠叨，多些甜言蜜语

女人天生感性，喜欢把注意力放在一些小事上，多少会有点唠叨。这是事实，谁也改变不了。但是，唠叨也得有度，如果你有事没事总是絮絮叨叨地嫌这个这么做不好了、嫌那个那么放不对了，时间长了，周围人对你的话都产生“抗体”了，他们或是当耳旁风，或者还会跟你对着干。

她是个幸福的女人，她的幸福来自于会甜言蜜语地哄老公，把老公哄得团团转。

她和老公去参加老公同事的婚礼，在大声称赞新娘漂亮的同时，不忘遗憾地说一句“就是新郎没我老公帅!”

老公发了薪水以后，她特甜蜜地对他说“婆婆屋里的空调坏了，我自作主张地买了一台新的给她，你不怪我吧?”在他感动之时接着说出“也顺便帮我妈带了一台空调”。

晚饭前，实在懒得动，就对老公说：“亲爱的，我最近工作特忙，压力特大，饭都吃不下去了，你出去自己吃点儿吧，不用管我了。”然后用一种哀怨的眼神凝视他三十秒以上，他就会自动自觉地去给她做饭了。

她想去逛街了，又正好没伴儿，叫上老公对他说：“今天我陪你去买几件衣服吧，把你打扮得帅帅的，让那些看到我们的的人都嫉妒我有这么英俊潇洒的老公!”跟着一脸幸福的笑容，就是甜得能腻死蚂蚁的那种。不用说你也知道最后满载而归的人是谁。

看老公玩麻将，他输了，她说：“他们水平太差，就知道小和！”他赢了，她夸他“英明决策！高手就是高手！”然后把他兜儿里的钱全部掏光，告诉他要替他查明损失或清点战果……

其实，每个女人都可以如她一样幸福，幸福的秘诀就是：少唠叨，多说甜言蜜语。要知道，唠叨是离心力，如果时间长了，会使对方离你越来越远，甚至使你们的关系出现裂痕。但甜言蜜语就不同了，它不仅不会让你和对方之间产生距离和隔阂，还可以提升你的亲和力。

都知道女人喜欢听甜言蜜语，其实男人也一样，在现实生活中，男人作为家庭或未来家庭的保护神，除了承受着家庭、社会、爱情等带给他们的压力，还要不时地迎接着自尊带给他们的挑战，因此，从某种程度上来说，一个男人比女人更需要甜言蜜语，使他们的身心感受到关怀的温暖。

对男人说甜言蜜语，对有些女人来说可能是一件很头疼的事情，其实，这并不是要你说的多么夸张，而是从一些小的细节上给他们关怀。比如说：

我喜欢你的头发，看起来真有光泽。即使他有几根白头发，也不要吝啬你的甜言蜜语，这样说的最终结果是，他可能为了维护好自身形象而更加注意卫生了。

你的鼻子真挺，像某个电影明星。男人都喜欢女人夸奖他的鼻子，因为那是阳刚之气的象征，这样夸奖他，他可能会感觉到自己真的很富有男人味，自信心也会提高不少。

你的声音很富有磁性，我很喜欢。声音是男人第二性感特征的副产品，是迷倒女人的秘密武器，这句好话是经久不衰的。

你真聪明。如果一个男人夸女人聪明，意味着她的长相有待商榷，反之，男人会觉得这是你对他一个很全面的打分。

你真幽默。有幽默感的男人很吃香，幽默感是天生的，有此禀赋的人非常愿意听到这样的赞美。

你的胸膛真厚实，好想抱抱你。这可以说是最能使男人开心的一句话了，当他听到这句话时，第一反应就是荷尔蒙指数急速攀升。

你好大方。这是夸奖，也是鼓励。男人在听到这句话后，自信心和大男人主义就会膨胀，这更能激起他们的保护欲望。

当然，说这些甜言蜜语，也是需要一定技巧的。

首先，你要绕过烦忧。

即使彼此相爱，但每对爱人的生活环境都不同，总会有意见不一致的时候和习惯上的差异，这是应该想到的，而且必须正视，不能假装看不见。如果谈话时意见不一致，那就赶快扩大范围，或转换交谈话题，以避免不快。否则，一直围绕着分歧的话题打转只会徒增烦恼。

其次，赠送礼物代替美言。

女人喜欢礼物，男人也不例外，他们也很渴望收到来自心仪女子的信物。如果女性赠男性围巾，自己可先围着再交给他。由于围巾里留着你的芳香，更能使他觉得你朦胧的情意。末了还可以附加一句“你常穿橘色的衣服，所以选这条青白格子相间带花纹的围巾送给你”。只此一句，就会让他飘飘欲仙起来。又如赠送威士忌时，先放在自己的房间里，然后若无其事地邀请他来，说：“在这个房间内，有一样我要送你的东西，你猜猜它会是什么呢?”然后你们就会在不停的猜测中引发更多话题，气氛也会更加融洽。如果是圣诞礼物，带一句“今年以来，你给了我非常快乐的日子，谢谢你”。

七　别把你的爱人“比”下去

小杨前段时间参加同学会，昔日的同窗们不是官运亨通，就是财源广茂，要不然就是嫁给了有钱人。看着她们在餐桌上高谈阔论，自己只有赔着笑脸，偏居一隅，不知说什么才好，内心里却异常苦闷。

在这些同窗当中，想当年有许多人处处都不如自己，对自己这个每次考试都稳拿前三名的班长敬仰有加。可现在——唉……小杨陷入了痛苦的泥潭。

从聚会之后，小杨变得不爱回家，看见相貌平平工资比自己高不了多少的丈夫就心烦，对工作也开始不上心，以致于频频出错。

家人朋友都不知道小杨到底是怎么了，对她有时候的行为也产生了畏惧心理，小杨看到后很伤心，但是，她再努力却怎么也找不到原来那个自信、快乐、容易满足的自己了。

爱攀比，是女人的一种天性。比各自的衣服，比老公的薪水，比孩子的智力，若是占了优势就暗自得意，处于劣势就叹气抱怨。总是盯着自己没有的，却看不到自己拥有的。生活往往就在这比来比去中，比出了怨恨，比出了愁闷，比掉了自己本应有的一份好心情。

能看到别人的长处是一件好事情，但是总拿别人的长处和自己的短处比、并且怨天尤人，就是爱慕虚荣了。虚荣心，其实是一种歪曲了的自尊心。一个人的需要，应当与自己的现实情况相符合。如果要通过不适当的手段来获得满足，这种为了取得荣誉和引起普遍注意而表现出来的不正常的社会情感，不顾现实的条件，最后往往会造成危害。

很多女人在婚后就会变得暴躁、世俗、市井，总是抱怨自己的丈夫不如婚前体贴、温柔、懂得疼人，嫌弃丈夫碌碌无为……女人也许认为这是对男人的一种激励，可是，在男人看来，女人拿自己的男人和家庭与别人比较是对自己男人和家庭的严重背叛。他们不可能善意地理解女人的初衷和愿望，只会主观地认为女人在挑剔他们表示不满。他们还会绝情地想到，如果你不满意，为什么你还不马上离开？

其实，老公还是自己曾经中意的那个人，感情也还是自己曾执著的那份感情。那究竟是什么变化让自己的感觉完全变了呢？就是比较。当初要嫁给他时，眼睛里就只有他，还生怕横生枝节不能嫁给他，根本没时间和心情去和别人比较。现在嫁给他了，警惕感下降了，这辈子都得和他过了，就开始有闲心去乱想了。

而乱想的结果是只会起到消极作用，不会有任何的积极作用。而且因为这种比较去和自己的老公抱怨，说自己的老公如何不如别人，是对老公自尊心的严重伤害，这对两个人感情的打击将会是毁灭性的。

“一个成功男人的背后一定有一个默默支持他的女人。”这句话是很有道理的。在这个女人眼里，老公是一个有工作能力有责任感的好男人。从这个女人嘴里说出的，老公在工作上积极进步，让她骄傲；在家庭中孝顺懂事，让她敬佩；在朋友圈仗义重情，让她欣喜。在这种欣赏自己的感觉里生活的老公，做事自信满满，成功指日可待，婚姻幸福甜蜜。反之，如果这个女人把这些想法都变成了自己的老公事事不如人而天天抱怨，那这个男人只能离成功越来越远了，与自己想要的那个老公也越来越远了。连自己的枕边人都不欣赏和赞美的人，又怎会有自信去征服工作中的竞争对手呢？

人在和外人接触时，都会自觉的展示自己美好的一面，对自己生活中的不如意绝口不提。体谅一个男人，那就是把他当成你的爱人、情人、哥哥、朋友、父亲、孩子。爱他，不要给他负担，给他自由，给自己自由。要知道什么时候该进什么时候该退，什么时候该挡在他的前面，什么时候该躲在他身后。把他当成你自己一样去爱护，成全了他的幸福，他才会成全你的幸福。

八 婚姻，是两个家庭之间的事情

女孩问男孩："我和你妈同时掉进水里了，你会先救谁？前提是只能救一个，另一个就要淹死。"

男孩一脸温柔的笑："问我多少回了？"

女孩似乎不答应："不行，必须得回答。究竟我和你妈掉进水里，你先救谁？"

男孩埋下头，没搭理女孩，女孩似乎不依不饶，推搡着男孩肩膀，"说啊，说啊，究竟先救谁？"

令人不可思议的一幕发生了。

男孩竟"嚯"地一下站起来，声音提高八度。"你以为你是谁？你能和我妈比？"

"我妈怎么你了？你这样咒我妈？"显然，女孩被男孩的这一举动懵了，呆呆地看着男孩，张开嘴，不知道说什么。

男孩继续说："我妈对你多好，你职称考试，我妈在考场外守着你，最后中暑进了医院，你去问过一声吗？"

"你说你累，我妈给你炖鸭子当归，让你补补。可是，你说鸭子是饲料喂的。我妈又到乡下买土鸭，你说过一声谢谢吗？"

"你来我家，我妈像皇上一样供着你，捧着你，可你不是嫌这儿不对，就是说那儿不好，可我妈哪一次没有由着你？"

"你换下来的衣服，我妈给你洗了，烫好，你却大吵大闹，说衣服洗坏了。我妈给你500块钱，你说连买衣服的袖子都不够，你说你是不是在无理取闹？"

男孩显然把女孩给激怒了。女孩也"腾"地站起来，指着男孩脸，大声反击："你要干什么？你这个农转非，和你谈朋友，是你们家的福气……"没等女孩说完，男孩打开女孩伸在眼前的手，女孩有些重心不稳，一屁股坐了下去……

很多女人都会如上面的女孩一样，就缠着问对方"同时掉进水里究竟会先救谁的问题"，很多男人给出的答案也不一样。有的正直的爱母亲的男人会说救母亲那肯定是把老婆得罪了；有的为了讨好老婆却又不愿被良心谴责的男人会给一个模棱两可的答案——救孩子的母亲；而有的男人则会采取不予理睬或者转移话题的方式来回答女人。

但是，换个角度想想，女人在爱情中为什么就非要这么弱智地认死理呢？非要用男人给出的这个不知所云的答案来证明他是否爱你吗？站在男人的角度上想想，一个是生他养他的母亲，一个是将要陪他走完一生的人，你要他如何选择？既然你选择了嫁给他，为什么就不能如对你自己家人那样对他的家人呢？

爱情是两个人之间的事，但婚姻，却是两个家庭之间的事情。有个社会学调查研究，证明没有人能够将自己的爱情超然于家庭之外。心理学有个效应叫做罗密欧与朱丽叶效应，说的是双方的爱情遭到了彼此家庭的极力反对，但压迫并没有让他们分手，反而让他们爱得更深，但是结局却是悲惨的，两个人最终是殉情告终。如果，你没有做好接受他的家人、爱他的家人的决定，那么就不要轻而易举地发誓要一辈子和他在一起。

如果爱他，就请你也爱他的家人。因为爱是一种能力，一种关怀别人、并给予别人幸福的能力。如果你没有能力爱他的父母，你也就没有能力给予他爱。

你可以赠送他鲜花，给他以关怀，让他开心一笑。但即使如此，如果你拒绝孝敬对方的父母，怒斥老人，不爱孩子，你们仍然无法和睦相处。婚姻不是两个人的"乌托邦"，他在现实中，涉及老人，小孩，甚至还要面对七大姑，八大姨，如果你漠视他们，就会远离和睦与幸福，招来痛苦与烦恼。

九　别让你的家里酸味弥漫

小燕是个有名的“醋坛子”，认识小张的人都知道，要想不给自己找麻烦，就不要和小张来往的太频繁了，尤其是女人。因为她吃起醋来没完没了，有时候还会弄得让你“身败名裂”。

有一次公司要赶一份项目策划书，要求大家加班，等赶出来已经是夜里十一点多了，公司的男士们都很绅士，纷纷提出天晚了，要送单身女同事回家，小张就载了一个顺路的女同事。

可偏偏让小燕给知道了，她开始醋意泛滥，怀疑丈夫有出轨的迹象，对丈夫的再三逼问无果后，她便开始着手做那位女同事的思想工作，让她离丈夫远点，那位女同事摸不着头脑，就被小燕在住家小区里糗了一顿，让她觉得很丢面子，于是就和小燕吵了起来。事后，在公司里也没给过小张好脸色。

这么几次下来，小张在公司里的人缘越来越差，最后无奈之下只得辞职，并且忍无可忍的向小燕提出了离婚。

其实，爱吃醋是人的本能反应，尤其是伴侣之间。当看到对方和其他异性来往有些频繁时就会打翻醋坛子，甚至还会对对方进行跟踪调查。后果可想而知，肯定不是很乐观。

为什么女人都爱吃醋呢？这主要与女性所处的社会地位有关系，由于女性在过去社会上更多地扮演着被动的角色，她们时刻需要排除对自己地位有威胁的因素，于是，嫉妒心理就产生了，而她的直接方式就是吃醋。

女性对周围的动静非常敏感，使自己无法得到解脱，脑子里总担心自己的价值得不到他人的承认，总担心恋爱中的男朋友因为看到别的女人而移情别恋。这种狭隘的心理或性格，也就使得女性比男性更容易产生忌妒心，对一些有竞争力的女性或有威胁性的场景产生浓浓的醋意。

而男人的忌妒心理则往往是从占有欲的角度出发，把女性当作了私人财产，信守“男女授受不亲”的封建道德规范。他们希望妻子不同异性来往，妻子只能供他一人欣赏，才是对他的忠贞。否则，发现妻子同异性有交往，就醋意大发，怀疑起妻子来了。这种心理状态，严格来说，已不属于爱了。高尚的爱情，除了对爱人的情感执着之外，更表现在处处为她付出的行动中，而不是一味地索取。

健康幸福的婚姻不能在这种无聊的硝烟中渐行渐远，作为妻子，你不仅要学会如何让自己不吃醋，还要学会如何消除丈夫的醋意。

在与异性交往时，要注意分寸，把双方的感情严格地控制在友谊的范围内，表现得自然大方，风度高雅，这样就会减少丈夫起疑心的客观因素。

男性一般不愿意主动向妻子提出自己的猜疑，所以作为妻子的你，应该控制住自己的感情，选择一个适当时机，心平气和地劝说丈夫把对自己的怀疑和盘托出。如果丈夫不肯谈，或是吞吞吐吐，你就要耐心开导丈夫，使丈夫解除思想顾虑。根据丈夫提出的疑点，你要详尽地把情况讲清楚，就可以消除误会。

而作为女性，感情往往都比较冲动，稍有猜疑就会付诸行动，这样不仅会使丈夫陷入家庭的小圈子里，而且也妨碍了丈夫的正常工作和社交。同时，由于凭空编造莫须有的“第三者”，往往会伤害他人，造成严重的后果。妻子爱“吃醋”确实给丈夫带来一些麻烦，但应从积极方面考虑，毕竟还是真心爱丈夫，怕失去丈夫，这一点应该肯定。从这个角度去看待妻子，火气就会消失，丈夫就能冷静下来，认真地帮助妻子克服这一缺点。

夫妻之间产生误会、猜疑，往往由于缺乏感情上的交流所致。如果双方能够注意保持热烈的感情，经常谈心，任何猜疑、误会都难以产生，幸福也会常伴左右。

十　小吵怡情，夫妻吵架也有学问

夫妻之间吵架是最平常不过的一件事，也是无法避免的，但是有些夫妻一吵架彼此都会生很多天的闷气，谁也不愿意给对方一个台阶下，时间久了，双方之间的裂痕也产生了。而有些夫妻却是越吵感情越好，他们甚至称吵架是他们婚姻生活的调味剂。

为什么同样是吵架，吵出的结果会有这么大的区别呢？其实，吵架也是一门学问，只是有些人掌握了，有些人没掌握而已。

其实，并不是谁天生就爱吵架的，夫妻之间吵架时最好的状态，当一方发火时，另一方应该沉稳一点，不要针尖对麦芒，这样只会让战火烧得更旺、持续时间更长，但有时候，吵架是避免不了的，那就千万记住，下面这些话万万说不得：

第一，“我和你没有什么好说的，离婚吧。”

对于夫妻来说，离婚是个很敏感、很沉重的字眼，只要双方尚有一丝情感，不管这话是从谁嘴里说出来的，对对方的杀伤力绝对是最致命的。而有的女人却常常喜欢把离婚挂在嘴边，比如“我当初真是瞎了眼才嫁给你，我要跟你离婚，我就不信这世界谁离了谁活不成？”“现在，马上，咱们去办手续，谁不离婚谁就是孙子！”类似这样的话。其实这样杀伤力的话如果说得勤了，对方也就压根儿不当回事了，但是，有时候也许一冲动就会真的如了你的“愿”，到那个时候再后悔可就真的晚了。

第二，“你真没用，真窝囊”。“你妈怎么会有你这样的儿子？”“上梁不正下梁歪”。

吵架归吵架，不管吵架的起因是什么，到底错的是哪方，如果吵架的过程中，某一方出口骂人，那么尽管你再有理，现在错的已经是你了，特别是吵架时辱骂对方父母、亲朋的，这是非常没素质的一种表现。

第三，“以前你怎么怎么样……”“我前男友对我比你好千百倍，”“你是不是也这么对你原来那相好的？”

有的夫妻吵架时，什么陈芝麻烂谷子的事情都要再翻出来重新咀嚼一次，每次如此，实在闹腾的让人心慌。不吵架时倒也相安无事，只要一吵架，这些陈年往事必定会被翻出来。时间久了，俩人也都从心里产生隔阂了。

第四，揭对方伤疤。

吵架的时候口不择言是很正常的，可是每到吵架就口不择言地揭对方伤疤，末了还要在伤疤上撒点盐，这是不是也忒狠了点？一吵架都来这套，正常人谁能受得了？

第五，“我们找某某某来评评理，看是谁的错。”

一吵架就找人来评理，这其实是一种很幼稚的表现。两口子吵架能评出什么来？无非是一些鸡毛蒜皮上不了台秤的小事，还不够人家笑话？

第六，“这是我的事，轮不到你管！”

夫妻之间最忌讳猜忌了，“你管不着”这句话往往都会让对方产生误解，以为你对他有所隐瞒，渐渐地对你也就不信任了，久而久之，双方的隔膜也就越来越深了。

夫妻本是同心人，何必为了一些鸡毛蒜皮的小事而伤了感情呢？掌握吵架的学问，懂得吵架时什么话该说，什么话不该说；怎样说出来让对方感觉到你是因为在乎他而不是嫌弃他；怎样让对方消气并且反过来安慰你。这样，不仅不会使你们越吵越远，反而会更拉进你们之间的关系，让你每一天都沐浴在初恋般的甜蜜里。

十一　抵御“围城”外的诱惑

燕曾经有一个美满温馨的家。

燕结婚很早，今年26岁，却已经结婚5年，可爱的女儿也有3岁了。她与前夫祥是自由恋爱结婚的，夫妻感情一直不错。祥是一个朴实厚道的男人，对她宠爱有加，结婚后，祥一直对她十分体贴，对她的家人也非常好。

祥是个勤劳的人，因为怕燕出去找工作受累受气，也觉得老让她年迈的父母接送女儿上幼儿园不好意思，就不让她去工作，专心照顾女儿和家庭。从此，燕成了“全职太太”。

赋闲在家的日子是无聊的。为了怕她闷，祥为她买了一台电脑。这样燕每天接送女儿、安排好家务之后，一有空就上网聊天，一边聊天一边打牌，觉得生活充实了不少。

就这样，燕在网上遇到了一个谈得来的男人伟，他是江西南昌人。不经意间，他们聊得越来越投机，渐渐地，燕对其他事情都没兴趣了，专心地跟伟聊天，每天都等着他上线。

渐渐地，爱意在他们两人心中潜滋暗长，流露在网络交谈的字里行间，彼此已经心照不宣了。燕的生活在悄然改变，可祥始终蒙在鼓里。他知道她在聊天，但不知道她在跟什么人聊，只是提醒她早点下线，早点休息。这么好的丈夫，燕却将他渐渐遗忘，因为她的心正日渐被伟占据。

终于，被伟那些“爱的诺言”迷惑得云里雾里的她拿出了飞蛾扑火的勇气，义无反顾地选择了离婚……

结局是可想而知的。

“我真的好后悔，好后悔！一个美满温馨的家被我亲手给毁了，如今我已无家可归……”3个月的网恋，毁灭了燕5年的婚姻。抛弃了朴实厚道的丈夫、天真可爱的女儿之后，满心后悔的燕成了一个在长夜里痛哭的女人。

在现实生活中，婚外恋的情况屡见不鲜，不仅直接影响了家庭婚姻关系的稳定，还影响着社会整体的文化道德观念。

婚姻的感情基础不牢是产生婚外恋的首要原因。由于种种原因，原先维系男女之间爱情的链条断裂并导致情感逐步淡化。如果夫妻双方的关系不能进行有效地调适，不能重建并更新夫妻间的爱情，就可能在双方或一方中产生移情别恋的动机，一旦遇到合适的异性，就很自然地导致婚外恋。

婚外恋问题作为人类两性间的关系问题，当然有其生理的依据，但更主要的是一种性心理行为。如果对婚外恋行为作一个较为宽容的判断的话，那么可以说它是当代家庭生活中的具有悲剧性的一幕，它的出现曾使多少幸福的家庭解体，无论当事者处理得如何，对社会、对个人、对子女安宁的生活都是一种不小的危害。

做为女人，特别是稍有姿色，又魅力犹存的女人，你的生活中一定还会有诱惑，当然，这里所谓的诱惑是来自于别的男人的诱惑，遇到了你该如何把握？

“距离产生美”，形影不离，没有了距离还会不会有美。当锅碗瓢盆的交响曲，代替了曾经的浪漫，当诱惑里的浪漫摆在你面前，你该怎么办？

抵御住这些诱惑，女人不再是女孩，女孩的时侯你可以有的选择，爱了可以轰轰烈烈的爱，不爱了可以潇潇洒洒的放开，女人不可以，你有老公，你有孩子，你有了你的家你的爱，你不可以随随便便的放开，更不可以随随便便的再爱，你的爱被限定了范围，无论怎样你都不能轻易的挣开，“金无足赤，人无完人”，你的老公再怎么好，或多或少也会有不令你满意的地方，但是这不是你接受诱惑的理由。

同样，不光是女人会受到诱惑，男人也会。

那么，作为妻子的你，又如何才能让自己和丈夫把“围城”外的诱惑扼杀在萌芽中呢?

首先，要和丈夫建立相互信任、无话不说的关系，这样不仅可以消除夫妻之间的误解，而且也可以商量解决一些问题。

其次，要少唠叨，这样才能从动力上避免丈夫不回家，甚至出轨的可能。由于男性受的压力比女性要大得多，他更需要倾诉，而不是听你倾诉。所以，适当的闭嘴并且给对方倾诉的机会，可以使对方从精神上轻松很多。

再次，不要强迫男人按照你的要求改变自己。人在潜意识里都很抵触为对方做出让步，何况是改变呢？一个人性格、行为习惯、品性都是在日积月累中长期形成的，如果你强迫他改变，不仅不会达到目的，还会使对方与你渐行渐远。

最后，要和丈夫互相恩爱，珍惜彼此，不轻易猜忌。一个疑心很重并且对丈夫的行踪了如指掌的女人只会给丈夫带来恐惧感，有时候，没有外遇也会给你逼出外遇来。

夫妻之间的爱和珍惜是无界限无止境的，所谓婚外恋，只是双方中的一方没有给自己机会和努力让自己的爱得到升华，作为妻子，不仅要能抵制“围城”外的诱惑，还要能笼络住丈夫的心，不给“第三者”插足的机会，关起“城门”，用温情和柔情营造出浓浓爱意，使你们的爱情之树长得更加枝繁叶茂。

第八章　理财：

从花钱到赚钱的转身

一　要有钱，但不要成为钱的奴隶

有一位女士曾经历过一段艰苦时光，那段日子里，她的生活目标只有一个，那就是赚钱、赚钱、再赚钱。后来日子过得好点了，家里面经济也能周转开了，可是这位女士并没有停止她这种疯狂的想法和举动。她把追求财富当成是生活的全部内容，而且不能容忍别人干涉她的赚钱计划。

她的丈夫坦言，他们的家后来根本不能称之为家。因为太太回到家里根本跟在公司没有区别，她不会下厨房，不注意家里的卫生，不尽妻子的义务，而是为更多的生意进行计划和安排，为赚更多的钱在制定方案。赚钱已然成了她生命里唯一的嗜好。

长此以往，她总是显得那么疲惫不堪，每当她晚上回到家时，她甚至累得抬不起头来。但即使这样，她仍然不休息，而是很快地投入到工作中去，思考并计划着更多的生意。于是，她总是使自己处在一种连续的疲劳状态之中。

本应该留在办公室里的生意和业务，总是时时刻刻伴随着她。她先生说："我记得她总是在午夜以后还坐在那里，端详着她的杯子并且仍然在思考、在作计划。我听见了她那痛苦的咳嗽声，于是我常常走下楼去恳求她为了健康而休息一下，该上床睡觉了，更何况我有能力给予她足够宽裕的生活，但她从来都是很固执。"

"她坦率地对我说过许多次，我的乞求毫无用处，如果在她的计算过程中少了一分钱，她也不会放弃，直到查出那分钱为止。"

这个要强的女人最终如愿以偿了——成了百万富翁。可是，在生活中，她却是无比失败的可怜虫。由于她几近疯狂的金钱观念让她的家人都对她产生了恐惧心理，渐渐地都开始疏远她了。

这是一个讲究经济的时代，很多人都会被金钱和欲望蒙蔽了双眼，以致于挺而走险、后悔终身。

钱确实可以满足人的生存需求和生活欲望。人只有满足了基本生存要求才能做到知理知法，如果温饱不能保证，则天下大乱。但是，挣钱的作用是为了使自己更方便，所以，钱不是神灵，而是奴仆。巴尔扎克笔下的葛朗台虽然拥有很多的金钱，但是，他每天也就是听听金币的响声，舍不得吃，舍不得喝，舍不得给女儿陪嫁妆，落得个众叛亲离的下场。

年轻的女性，若要想赚钱，就必须端正对金钱的态度，绝对不能给自己增加心理的负担，而应该十分从容地、冷静地对待，对金钱不感兴趣自然赚不到钱，然而倘若把金钱看得太重，也就给自己背负了沉重的包袱，这个时候，你所需要的，就是彻底地忘掉钱这回事，千万不要再把它当做是一种沉重的负担。

犹太人注重金钱，但是在赚取金钱的时候，他们已经把金钱当做是一种十分普通的东西，就和纸张、石头一样，丝毫不觉得金钱有烫手的感觉。

他们只把金钱当作是一种很好玩的物品，它在刺激着每一个人的神经去高度地投入它，人们投入资金时，就是投入了一次危险且有趣的游戏，当这个游戏胜利的时候，也是十分有意思的。犹太人这样形容自己，在赚钱的时候你就进入了一个游戏的世界，作为游戏的参与者，你要不停地和对手较量，你要用一切手段来胜过其他的人，你要超越所有的人，才可以赢得最后的胜利。

犹太人是世界上最会赚钱最会经商的人，这是众所周知的。我觉得，我们需要效仿他们这种金钱观，在赚钱的时候，不要把它当成是钱，而是一种物品，你要凌驾于它之上，而不是做它的奴隶。只有这样，你才不会在这个物欲横流的经济时代迷失自我。

二　走出误区，树立正确的理财观

很多女性对理财可能会有这样的观点：

1. 太繁琐太复杂，直接存在卡上，用的时候取出来就是了。

2. 有丈夫在，交给他处理吧，自己没那么好的耐心。

3. 又不是富婆，没必要掌握哪些理财观念。

4. 平时太忙了，没时间理财。

这就是女性走不出去的理财误区，事实证明，成功的女性，不仅是财富的创造者，还是优秀的理财高手。一个很难把握自己拥有财富的女性，是不会成为创造财富高手的。

丹刚从校园走出来就进了一家规模不大的私企，每月工资1500元左右，单位买三险。虽然月收入不高，但她却是一位有充分理财意识的女孩。

丹平时很节俭，每月花费平均在300元左右，一年给父母3000元左右。目前有流动资金8000元，她买了一份1180元/年的人寿保险，在基金上投资了1万元，还有每月400元的基金定投，在股票上投资了3000元。

丹算过一笔账，虽然自己月节余有800元，但只能勉强维持每月400元的基金定投投资。现在的重点还在于如何提高工作收入，广开财源。

她给自己订的理财目标是，在保障自己身体健康和父母养老资金的前提下，让资产快速累积增值。她坚持每月400元的基金定投，准备等收入增加后再提高定投的投资额度。为了提高流动资金的收益，她还准备过段时间增加5000元的债券型基金。

丹虽然年轻，但她有自己的目标，她会在开源上多下工夫，努力工作，争取提高每月的收入。为了自己的后半生能轻轻松松地享受生活，她决定趁着年轻、有冲劲，再多做些投资。

很多女孩子对于理财的问题都很头疼，有时候感觉不知道从何下手，事实上，要建立正确的理财观念，首先必须要建立正确的理财心理因素。

首先，要拥有“有得必有失”的投资心态。世界上不存在没有风险的投资，但是如果因为一次投资而遭遇风险就因噎废食，那么，你已经被财富拒之门外了。要有正确的理财观念，必须从心态上要敢于面对风险。

其次，要敢于尝试，女性为人处世大都比较细腻谨慎，这也是女性走不出理财误区的最主要障碍。要想做一个优秀的理财高手，必须要胆大，要敢于尝试。

再次，要有定性。这对于女性来说比较困难，因为女性强烈的攀比心理使得她们在理财的时候总是游移不定，不知道投资哪个风险相对比较小、又赚得多，刚刚投资了这个，又觉得当初该投资那个，总是拿捏不了主意。在投资之前，女性应该拥有一份完善的计划，而不能盲目下手。

最后，要学会吸取教训。人生到处都充满了机遇，但到处都存在风险，失败了，就要能看到失败的原因，能从中吸取教训，以免以后走弯路。

作为当今社会的年轻女性，一定要懂得一个人的理财观念决定她的消费观念，甚至决定她会不会是一个优秀的财富制造者。我们要认识到理财是我们生活中的一部分。对于我们每个人与每个家庭来说，都要不断处理收入与支出。如果能合理调配资金，使金钱得到合理用处，就能使许多事情顺利完成，对整个家庭或个人的发展能起到促进作用。

能很好地理财，不但能使自己的金钱得到合理的利用，还能促使你懂得更好地进行投资，能更好地增加你的财富。

三　学会理财，不做月光一族

思思是家里的独生女，毕业于一所档次不错的大学，刚走出校门就受到一家私企的青睐，从此稳稳当当地过起了白领阶层的生活。

可是，月薪五千的她却经常做“月光族”。朋友们都很纳闷儿：她的薪水几乎是有些刚出道的新人的两倍，应该会有点儿积蓄，怎么还会反过来要父母给生活费呢？

思思说，她每个月的工资根本不够她消费，她要买衣服、买化妆品、买鞋、还要跟朋友们吃饭泡吧，有时候，这个月看上的一双鞋，还得等下个月的工资来买单。她对此很是苦恼，父母也很担心她。

时下很多女孩也如思思一样，虽然每个月有着不错的收入，但是确实名副其实的“月光族”。

作为“半边天”的新时代女性，必须学会理财，必须掌握一定的理财方法。

第一，要了解和清点自己的资产和负债。要想合理地支配自己的金钱，首先要做好预算，而预算的前提是要理清自己的资产状况，只有在理性分析过自己的资产状况之后，才能作出符合客观实际的理财计划。要清楚了解自己的资产状况，最简单有效的办法，是要学会记账。

第二，制定合理的个人理财目标。弄清楚自己最终希望达成的目标是什么，然后将这些目标列成一个清单，越详细越好，再对目标按其重要性进行分类，最后将主要精力放在最重要目标的实现中去。

第三，通过储蓄、保险等理财手段先打牢地基。在理财的最初，尤其是对初学理财的年轻人，应以稳健为主。

第四，安全投资，规避风险。千万不要急功近利，高收益意味着高风险。在准备投资之前，最好分析一下自己的风险承受能力，认清自己将要做的投资类型，然后根据自身条件进行投资组合，让自己的资产在保证安全的前提下最大限度地发挥保值、增值的效用。

第五，要不断地学习和发现新事物，不断修正改进自己的理财计划，使其日益完善。

有些女性可能是初出茅庐的职场新人，但是这也不能作为你的“糊涂账”为借口，这个时候，你更应该从现在做起了，要知道，理财赶早不赶晚，为了使自己的下半生能拥有一笔可观的财富，赶紧行动吧。

首先，准备必须的日常生活费，节省日常生活开支。对于刚离开校园、阅历较浅的年轻人，理财专家建议，节俭虽然创造不出富翁，却是实现富翁之梦的量变过程。

其次，制订储蓄投资计划。建议将每月工资的一部分转为定期存款进行储蓄，虽然储额只占工资的一小部分，但从长远来看，就可以积累一笔不小的资金。此外，专家建议，理财初期，宜选择风险较小的理财产品，其中储蓄和国债是最佳选择。没有足够的把握，不宜进行风险较大的投资。

最后，安排保险计划。为防患于未然，年轻人一定要切实做好保障，比方说事先买好医疗险、意外险等等，以防备万一发生特别情况，影响自己的理财规划。缺少保险的理财规划是不健全的。

四　保持清醒，别对推销“心太软”

“我是这家银行的，您这个钱不如买分红险吧，和银行储蓄一样，利息还高呢。”近日，市民刘小姐到一家银行存钱，一位穿着银行工作服的销售人员告诉她，可以购买某家公司的分红险产品，算下来利息比存在银行合适。

从未接触过分红险的刘小姐迟疑了一下，已经被这个销售员拉着演算利率去了。“您看，比银行存款高好几个点，我们还送您保障多合适啊。”推销员给刘小姐算了一下，似乎比银行利息高出几个点。等刘小姐想要再问，这个代理人已经把合同摆在她面前“您签了吧，把钱给我就行了。”被忽悠晕了的刘小姐签了字，才想起来问，怎么签的合同是保险公司，而这个推销员明明说是银行的。这时候她才想起来刚才这个推销员快速给她翻了一眼胸牌，还没看清楚就被推销员藏在衣服领子里了。

回到家刘小姐仔细研究了一晚上保险合同才发现，这款分红险并非像推销员说的那么划算。首先，推销员是按照最高演示利率算的，实际收益不可能完全如最高收益演示。第二，推销员按照单利演算，如果存的年头长按照复利演算一年根本拿不到那么多分红。第三，只有存满三年以上才可以支取，提前变现比放在银行里利息还低。就算是存了六年，这笔10万元的保费才比银行利息高几百元。最可气的是，保险合同书明明写着10日之内是犹豫退保期，这些推销员都没有告诉她。如果回家不仔细研究保险合同，过了犹豫期想退保就难了。

在我们的生活中，像刘小姐脑子一热犯下这种错误的例子比比皆是，很多年轻的女性在“疯狂推销”面前都“心太软”做了廉价物的牺牲品。与其相比，男人们在某种程度上要比女人理智的多，不会轻信推销的商品是多么的“物超所值”，更不会觉得“不好意思拒绝”而被推销员给忽悠了。

其实，推销员能成功地向女性推销出去商品的一个很重要的秘诀就是，他们抓住了女性的弱点，就是爱听动听的话。世界上没有哪个女人对别人的赞美和肯定熟视无睹，我们或多或少的都会听进去，并且对他们的夸大其词毫不怀疑。赞美与肯定不仅对女人有美容作用，还是女性购物血拼的兴奋剂。

我们都知道，推销员的职业就是想尽各种办法将他们的商品推销出去，不多夸奖夸奖，那不等于不承认自己的商品么？所以，商场巧舌如簧的售货员，大都能用一张嘴把自己的商品说得天花乱坠，把你夸得头脑发昏、思维短路，心甘情愿掏出钞票买下并不适合你自己的商品。最让人受不了的是，有时候你明明知道这一款商品不适合你，你还是硬着头皮买了下来，然后就扔回家后悔去了，原因只有一个，你被推销员夸得“不好意思”了，被人家的热情架在架子上下不来，只好买了。可是即便你回家后发誓下次再也不会上当了，不久之后你还是会拎一大堆垃圾唉声叹气地回家大怨世道不公。

在“疯狂推销”面前千万不要“不好意思拒绝”，千万不要“心太软”，无论什么时候，一定要让理智占上风，不能被他们的赞美和热情给迷惑了。有时候，大可以学着脸皮“厚”一点，被赞美就被赞美，被肯定就被肯定，受到热情接待就受到热情接待，不要觉得被人家这么接待了一回自己不付出一点就不好意思走人。在看到商品并不符合自己之后就一定要勇敢地拒绝，这样，你不仅不会花很多冤枉钱，说不定积攒下来还是一笔不小的财富呢。

五　理性购物，别让折扣“忽悠”了

我们经常会在大街上看到这样的广告：

“本店商品一律八折出售，限货三天，不要错失良机。”

“本店商品全部清仓处理，一律三折，机不可失，时不再来。”

……

很多女孩往往都经不住这样的诱惑，一看到类似的广告就开始心痒痒，觉得是碰上好时机了，捡到大便宜了，即使打折后商品的价格仍然不菲，她们也不会心疼钱，反倒觉得自己还是赚了。其实，你若知晓内幕，并仔细算算，你会发现，最后赚的还是商家，永远都不可能是你。

晓菲在逛街时发现自己心仪已久的一套秋装因换季正打4折出售，想到有这么大的便宜，她便毫不犹豫买了下来。

回家试衣服时，她才发现衣服有质量问题。

于是她找到商场要求调换，该商场营业员用手指着店堂的海报让晓菲看，该告示在显眼的地方明确写着：

本店所有打折商品一经售出，概不退换。

晓菲感到非常窝火，却又无可奈何，只好自认倒霉。

很多女性在看到“打折”等字眼的时候，眼睛里看到的、心里想到的都是自己占便宜了，不必掏那么大的价钱买这种奢侈品，却往往忽略了商品的质量和售后服务事项。到头来，上当的还是自己。

曾有一位商家老板借着酒劲儿曝猛料：我卖的一种服装，应该1300元出售的，借着大商场的牌子就能将它“大”到3800元。你是再会砍价，最后的成交价格也不会低于1300元的底线。如果最终你以1300元的价格拿到商品，你会觉得3800和1300之间的差价是你砍价砍下去的吗？当然不是，只是商家把价格早已狠狠地提高了一大块，让你过足一把砍价瘾而已。

也有良心未泯的商家声称：商场现在是竞争白热化，不打折就没有客流，所以每家商场每周必须有活动，我们商场更是必须天天有活动，都是逼着厂家打折。好品牌不参加，你拿人家没辙，得要人家撑门面嘛。倒霉的就是小品牌，总是参加活动，成本那么高，哪有那么多利润？所以，他们就抬高价格，现在的衣服越卖越贵，其实有很多因素并不是质量提高了，而是因为“赔不起了”。

节假日期间或季节更替的时候，各大商家纷纷进行打折促销，尤其是换季时期，商家更是打出“清仓狂甩、最低1折”这样的噱头，以致许多冲动型的女性消费者贪图便宜一口气买下很多用不着的商品。可是，天下哪有免费的午餐，羊毛还是出在羊身上。实际上，商家对商品进行打折之前，就已经先提高商品价格，再以“打折”、“降价”、“抽奖”等为诱饵，将女性消费者引入“消费陷阱”。

相信有很多女性朋友都曾掉进过这样的“陷阱”，这会让你积累的财富损失不少，却还是没有买到物美价廉的好商品，到头来还给自己一肚子的闷气受，所以，女性消费者在购物时一定要做到冷静、理智。

首先就是要货比三家。这样比下来你就对这件商品的真实价格大概掌握了不少了，就不会跌入“以次充好”的“陷阱”。

其次就是要时刻保持冷静。不要被冲动冲昏了头脑，要看清楚商品的质量，问清楚保修和退换的细则，还要一定拿到商家开出的票据和证明。

最后，在某些商品面前要做到不为所动。不要去贪图便宜，不是有一句话说“好货不便宜，便宜没好货”嘛，要擦亮自己的眼睛，宁愿到大的正规的商场购买花大价钱，也不要上这不值的当，正规的品牌我们用着心里也踏实是不是?

六　积少成多，养成储蓄的好习惯

美国的女富豪尤拉·莱蒂里跟随父亲从16岁开始闯荡商界，是世界闻名的女强人。她成功的基础，就是她16岁时开始养成的存款习惯。

莱蒂里开始工作时，也只是在一家大公司当秘书。虽然莱蒂里当时收入并不多，月薪只有50美元，可她仍然把大部分钱积蓄起来，为日后的投资作准备。两年后，莱蒂里小有积蓄，便开始做粮食和副食品的投机生意，成为一个小有资本的年轻女商人。这时她仍然保持着储蓄的习惯，她还要积攒更多的资本，为今后的大投资作准备。

后来，在钢铁业掀起热潮时，莱蒂里认为机会来了。她凭借长期积蓄的财力，在一家老式钢铁厂拍卖时，不惜重金，最终获得了这家钢铁厂的产权。

这就是莱蒂里以前积累下来的积蓄所发挥的作用，这也成为她日后登上商界顶峰的起点。10年后的莱蒂里已然成了美国名人榜上屈指可数的女富豪。

很多年轻的女孩可能认为自己的工资不多，没必要存储起来，既浪费时间又浪费精力。这种想法真的是大错特错了，“积少成多”的道理我们都知道，对于理财，这个方法照样适用。在存储的时候，我们不要去想十年后我们会得到多少，存储首先是一个习惯问题，有了一个好的开始，你才会在不经意间“发现”惊喜。

有专家认为，要理好财，首先要从攒钱开始。收入是河流，财富是水库，花出去的钱就是流出去的水，只有留在水库里的才是你的财。要想攒好钱，就要一生养成量入为出的习惯。

那么，应该用什么样的方法去攒钱呢？

月月存储法

又称十二张存单法。此种方法，不仅能够很好地聚集资金，又能最大限度地发挥储蓄的灵活性，即使急需用钱，也不会有太大的利息损失。具体操作步骤为：假如你每月固定拿出 1000 元来储蓄，每月开一张一年期存单，当存足一年后，手中便会有 12 张存单，而这时第一张存单便开始到期。把第一张存单的利息和本金取出，与第二年第一个月要存的 1000 元相加，再存成一年期定期存单。以此类推，手中时时会有 12 张存单。一旦急用，只要支取近期所存的存单就可以了。这种方法既可减少利息损失，又能解燃眉之急，适用于工薪家庭应急之需。

四分存储法

假设你现有 1 万元，一年内要使用一笔钱，但用钱的具体金额、时间并不确定。为让这 1 万元钱尽可能获取“高利”，那么你可选择四分存储法。即把资金分别存成四张存单，但金额一个比一个大。例如可以把 1 万元分别存成 1000 元、2000 元、3000 元、4000 元共 4 张。当然也可以进一步细分成更多的存单。这样一来，假如需要 1000 元，只要动用 1000 元的存单便可以了，避免了只需要 1000 元，却要动用“大”存单。这样，可减少不必要的利息损失。

利滚利存储法

这是存本取息储蓄和零存整取储蓄有机结合的一种储蓄方法。具体操作步骤为：假如你现有3万元，你可以先把它存成存本取息储蓄。一个月后，取出存本取息储蓄的第一个月利息，再用这第一个月利息开个零存整取储蓄户。以后，每月把利息取出后，都存到这个零存整取的储蓄户上。这样不仅得到了利息，而且又通过零存整取储蓄使利息生利息。这种储蓄方法，使一笔钱能取得两份利息，只要长期坚持，也会有不错的回报。

保险储蓄法

这是比较时尚的储蓄方法，它具有资金的安全性、收益性和流动性。假如你年收入有50000元，减去正常开销可以存15000元，那么你可以这样来安排这笔钱：用5000元存作活期以备不时之需。另10000元用来购买分红保险。

七　会花钱的人才更会赚钱

常听有些长辈或者有一定社会经验的人说：会花钱的人才会赚钱。也许我们当时听了都对之嗤之以鼻，觉得他们只是仗着年长或者经验丰富在说大话、说空话。其实，仔细想想，这些话不无道理。

不过这里的“会花钱”不是指没有想法地乱花钱，而是指花相同的钱，获取更多的价值、体会到更大的满足感、实现更长远的目标。现代女性所推崇的消费原则是：省钱不抠门，节俭又时尚，这就是新女性们争相学习的新节俭的实质。要用最少的钱，实现最多的价值，这才是会花钱的女性理财之道。

会花钱，就是会投入，只有懂得如何投入，才能得到很好的产出。

看到有人在一掷千金挥霍后，仍然豪气万丈地说，这点钱算什么，只要我花得开心就行。至于说完此话后心里是否酸溜溜的，也只有当事人自己知道了。要知道花得开心不等于花得多，花得多也不等于花得开心。

美琳是一个非常节俭的人。无论是花大钱还是花小钱，她都会在心里权衡再三后做决定，对于每个月的生活费、水电费、话费、零花钱等等她都有明确的规定。

在朋友堆里，她也因为节俭而出名。但是有一点，她特别喜欢棉布衬衣，因此，依季节不同，她每年至少会准备好每季一两件几千元的款式不同、风格迥异的棉布衬衣。就算其他的服饰、配件都是打折品或是过季商品，她的棉布衬衣绝对是新款正品。

朋友们都认为美琳是一个特别节省的人，可是当她们看到美琳在商场里购买棉布衬衣时一掷千金的样子都会惊讶地张大嘴巴，觉得不可思议。虽然有人说，她是把辛苦赚下的钱花在没有用的地方，但美琳自己觉得，穿这些棉布衬衣的时候，她能感觉到用钱买不到的满足感。她会觉得钱真是个好东西，于是更想努力赚钱。事实上，美琳也是一个很能干的人，比起同龄人，她也算是半个“富婆”。

花钱是一门学问，有的人花了1元却挣了花100元时的心情，有的人花掉100元却还是懊恼不止。

聪明女人不仅要显示自己赚钱的本领，还要毫无保留地展现自己花钱的艺术，在花钱中给自己和对方带来惊喜和快乐，实现最大的价值。

会花钱等于赚钱的最高境界应该是在和朋友们一起分享那份物超所值带来的喜悦。社会发展至今，周围的人似乎都是高智商，兜里的钱很容易被别人赚去好像是许久以前的事情。

时下，会花钱的女人是最吃香的，即使手里没有属于自己的钱，也一样能赚大钱。就像运用风险投资基金的人。毕竟这个社会还没有到人人都懂得如何花钱的地步，所以社会需要这些理财顾问。而花着别人的钱，挣的工资却不菲的他们，为投资人所产生的潜在效益更是惊人，这就是因为他们懂得如何花别人的钱，同时也能为自己和他人带来更多的价值利益。

在经济这块雷区里一定不能盲目跟风，要懂得理智消费、适度消费，学会在花少量钱的同时从中寻求最大的乐趣，不要放纵自己的购买欲望，也不要亏待自己，而是要在生活中发现“以少获多”的秘密以及它所带来的满足感。

八　控制购买欲，别被广告“晃”花了眼

在这个商机和利益急剧膨胀的时代，商业广告无处不在。走在大街上，到处张贴的都是，打开电视机，电视剧没看一会儿，就插进来好几个广告，搞得有些人高呼：现在这社会太让人受不了了，广告中间改插电视剧了。看似一句无厘头的玩笑，却也道出了广告在当今社会的大热现象。

女人的购买欲一向比较强，这是众所周知的，这也成了众多商家俘虏女性口袋的主要出发点之一，因为在琳琅满目的商品面前，女性具有的理智早就被商业广告轰炸得体无完肤了。

叮铛是个爱尝鲜的人，每当又看到有新品推出广告的时候，不管多忙，她都会抽空去商店里逛逛，只要觉得价格可以接受的，她都会毫不犹豫地买下来。

用得着的当然买得心安理得，用不着的就会对自己说：以后肯定能派上用场。其结果可想而知，叮铛常常买回一堆用不上的东西或是不好用的东西。加起来钱没少花，细细算下来这些钱都可以用来买几身像样的行头了。时间长了，叮铛终于认识到了自己的错误，暗自下决心不再买这些东西了。可一旦看到广告中有什么新奇的产品，她依然忍不住心动。

生活中很多女人都有叮铛的苦恼，明明知道那些夸大其词的商业广告信不得，可是在看到貌似是很大诱惑的时候就是不能冷静下来。到头来，叫苦不迭的还是自己。所以在狂轰乱炸的商业广告进入你的视线并开始觊觎你的口袋时，切记要冷静，要理智。

第一，要想清楚你是否需要这些商品，要根据自己的需求购买商品，而不是根据广告购买商品。当你需要某一种商品时，你可以根据自己的需求去浏览广告，但是，千万不能在浏览广告之后才决定要不要购买，如果这样的话，你会买回来很多毫无用处的东西，食之无味，弃之可惜。

第二，钱包里带适量的钱，防止无止境的商业诱惑。有时候，在某个无可挑剔的商品面前，我们难免会失去理智，这个时候，预防措施是很重要的，也许当时你会因为没有足够的资金而懊恼不已，但是回到家后你会突然发现它对你来说没有一点用处，这时你就该为自己的明智而庆幸了。

第三，多多听取身边朋友的建议。如果你很喜欢某个商品而打算为之买单的时候，不妨征求一下身边朋友或者丈夫的建议和意见，也许你很喜欢它，但是朋友和丈夫都说不适合你，那么，听取他们的建议，因为从原则上来讲，他们不会欺骗你，如果你花很大的价钱而买回来一堆不适合自己的东西，那么它们跟垃圾有什么区别呢？

第四，用比较法确定商品的优劣，再进行消费。有许多广告是针对一类产品的。比较这些广告，比较产品的成分、组成、性能、质量、价格以及售后服务等，以选择出最适合自己的产品。如果身边有朋友已经购买了你正需要的产品，可以向他们打听。要知道，他人使用的经验有时比广告有更重要的参考价值。

另外，不要只依赖电视广告获得有关信息。在需要购买技术参数较多、科技含量较高的产品如电脑、摄像机等，或是耐用消费品如彩电以及新产品时，最好阅读报刊广告，因为报刊广告能为你提供较详尽的信息。

新时代的女性，在消费的时候，一定要学着精明点，这样你就会少花很多冤枉钱。

九　用钱生钱，让你的钱“动”起来

《伊索寓言》中有这样一个故事：

一个人无意中得到了一桶金子，他没有把它用于日常花费上，而是埋在了一棵树下。每个星期他都会到树下把金子挖出来一个人很享受的陶醉一番。

他的神秘举动引起了邻居的好奇，在他又一次前往树林挖金子的时候，邻居偷偷地跟了上来，于是，发现了他的秘密。同样很贫穷的邻居对他藏的金子起了歹心，趁他埋完刚刚走出小树林之际，邻居便把他的金子重新挖了出来偷偷带回了家。

当他第二个星期来小树林，看他的金子并发现一直未被动用的金子被盗时，他痛不欲生，后悔不迭。

财富闲置就等于零，所以必须让钱动起来。故事中的这个人从没花过这些钱，每次只是看看而已，那这些钱有和没有对他来说都是一样。

对于每一个想要累积财富的人来说，理财的技能都是至关重要的，只有让钱动起来，能让钱生钱，才是真正的明智之举。

很多富有的女人出身并不高贵，家人也都很平庸。她们不是天才，也可能没受过什么高等教育，也没有比一般女人更勤俭，甚至不少人每天只要打几个电话，做做头发，逛逛美容院，每天就会有大把的钞票进账。到底这些富婆们拥有什么特殊技能，是那些天天省吃俭用、日日勤奋工作的平庸女人们所欠缺的呢？她们何以能累积起如此巨大的财富呢？

原因其实很简单：她们懂得如何利用自已的有限资金创造出最大的价值。理财专家说：“大多时候，我们不是缺少钱，而是缺少观念。财富是习惯，是思维方式。在资本运作占主导的社会，一个人必须养成良好的理财习惯，做好完美的理财计划，学会让钱动起来，将每一分钱都通过周密的运作发挥最大的作用。”

你的钱在干嘛？还在家里或者银行里睡觉吗？赶快行动起来吧。

理财并不只是天天盯着红红绿绿股市行情，时时关心着国际外汇市场，你还可以选择轻轻松松的方式，交给银行打理也不再是只有定期存款一种途径，人民币理财、外汇结构性存款、黄金投资都是安全性和收益性兼顾的轻松方式。

比如说外汇理财，在外汇理财方式中，“外汇宝”及“个人外汇期权”的进入门槛相对较高，前者需要投资者密切关注国际汇市行情，而后者也要求投资人对各外汇币种的中长期走势有一定的判断能力。如果你没有时间或精力来研究外汇市场，又想获得比定期存款更高的收益，那么外汇结构性理财产品将是不错的选择。

将手中持有的外汇认购银行的结构性理财产品，这部分资金就交由银行资深专家利用国际金融市场管理工具进行理财，其操作水平好坏直接影响产品到期兑付时的收益率。

这种理财方式的特点就是，投资者可以获得保本及利息保底的承诺，即使该理财项目出现亏损，银行也无权提前终止合约，到期后可安心地拿回本金以及期间的存款利息，而且收益率高于定期存款。

如果想让你的钱动起来，方法还有很多很多，关键是观念，一定要有这种“不把金子埋起来”的想法，要知道，埋起来就是没有拥有过，要有效地合理地利用手上的每一分钱，让它们生出更多的钱，这样，不久之后，你也会是一个很优秀的财富制造者。

十　慎重行事，学习投资策略

工作快五年的萧攒下了一笔钱，她准备用这笔钱投资房子。

经过多方打听，萧在一所学校旁买下了一套二手房，由于离市中心较远，又是二手房，所以当时的价格才每平方米2000多元。此后房价不断上涨，因为是名校旁的房子，交通线也得到了完善，如今的房价每平方米已增值到5000元以上。

看见房价飙升，萧过了两年时间就把房子卖了。萧认为只要有得赚就好，不想把这个二手房在手上放太久。有了这次投资经历，萧相继在不同的地方买了几套二手房，都是没多久就卖掉了。

一次次的积累让萧有了不少闲钱，现在她全款购买了一套市中心的单身公寓，每个月能有2000元左右的租金。这笔旱涝保收的租金，为萧的人生设好了一道安全的经济保障。

很多人在忙碌之余会把闲钱用于各种各样的投资，但最终的结果是，有些女性赚了，而有些却赔了。赚了的女性朋友可能会自信心膨胀对其他的各个行业跃跃欲试，而赔了的则因噎废食，将钱存储起来变成了固定资产。

其实，在投资的时候，要切记不可太过于贪心和盲目，因为贪心和盲目往往会使你得不偿失。我们都知道任何投资都有风险，在做出任何决定前都要再三斟酌，都要慎重行事，要时刻有一颗平和的心，并且相信自己：

1. 要自信，相信自己可以做得到，并且会做得很好。许多女性在某些领域可能已经相当杰出，但是可能因为在理财方面没有涉及过、没有尝试过，似乎有些不够自信。但是，有没有一个很好的理财策略直接关系到女性未来的生活是否过得惬意，女性应该多了解一些理财方面的事，不妨考虑交一个会理财的好朋友，甚至可以咨询一些理财专家，或是多阅读一些理财方面的报刊、书籍。其实女性是一个思维比较敏锐的群体，如果能有强烈的理财意识和理财动机，再借助这些方法，绝对会把自己打造成一个优秀的理财高手。

2. 要博览财书。女性对金钱有一种天生的追崇倾向，这一点毫不亚于男人，所以我们与其一分一毫地攒，倒不如多收集收集理财的各种相关信息，经过长期的耳濡目染，相信每个人都能找出一个适合自己的理财策略。

3. 要敢于尝试多种投资。女性在冒险方面不如男性，因为他们天生的高警惕性使得她们对于高风险的事物望而却步，同时，女性在财经方面的判断力也不如男性敏锐。所以，为了使自己的有限资金能很好的得到利用并且创造出更多的价值，建议女性要敢于尝试多种投资，当然，切忌盲目和贪心，要有广泛的财经知识，并且在这些知识上建造出属于自己的投资策略，这才是生财之道。

4. 要懂得革新。当今社会，是个多元化的经济时代，所以女性在对于投资上不能守旧，要懂得顺应时代的变更，勇于创新，这样才能滚出一个大雪球。

有一句话说：二十几岁的理财观决定一个女性的后半生。其实不无道理。很多在事业上有所作为的女性，不仅精通她们的专业领域，而且还是不可多得的理财高手。很多女性可能觉得自己资质不够，对于金钱抱着一种“有的花就行了”的态度，日子过得平平淡淡、简简单单。殊不知，周围其他的女性早已不是当初那个和自己在一个起跑线上的人了。

所以，掌握必要的理财知识，懂得相关的投资心理对女性显得尤为重要。

十一　要靠自己，别把男人当你的钱包

莎莎是个聪明、漂亮的女孩。进入职场之后，身边总是不泛追求者，有些条件还相当不错，但是莎莎总是不为所动，俨然一座冰山。她经常对朋友说："我要等我那个既温柔又多金，还懂得疼人的白马王子出现，不然，我宁肯一辈子单身。"

由于莎莎一心把精力扑在工作上，又加上她能力突出，在进入一家中外合资企业不久之后，就做到了部门主任的位置。好事成双，没过多久，她等的白马王子终于出现了。

那是总公司派过来的一个市场总监，叫小杨。如莎莎期盼的一样，温柔、多金、体贴、懂得疼人，还很会制造浪漫。在他猛烈的爱情攻势下，不久，莎莎便把婚事提上了日程。

但是婚后，莎莎却一改往日勤奋、上进、节俭的习性，俨然成了另外一个人。花钱非常大手大脚，随便一件衣服就上千元，去娱乐场所要去最豪华的，手机永远都是最新款的。并且开始讲究"生活品质"，但这种"生活品质"是建立在金钱的基础之上的，后来莎莎又爱上了旅游，全国各地到处转。

过惯了安逸的生活，莎莎对工作越来越不上心，工作能力似乎也消失殆尽。后来干脆辞职，在家做起家庭主妇。她整天督促老公要上进，要多赚钱，老公成了她一台名副其实的赚钱机器。

最终，小杨对莎莎提出了离婚，他说他已感受不到莎莎对自己的爱，而只是无穷无尽的物质上的索求，当初自己欣赏的那个能干的才女已经不复存在了。

女人愿意嫁给温柔多金的男人的想法无可厚非，但是嫁给有钱男人不代表你一辈子就可以衣食无忧、只要在家安心享受了，要知道，没有一个男人愿意娶一个不是爱他而是爱他兜里钱的女人，而且一个完全要老公养活的女人根本不是一个独立的女人。即使你找到一个很能赚钱的老公，将来你伸手跟他要钱用，想买什么东西还要争得对方同意，根本就无法随心所欲。你不觉得自己的地位显得很卑微吗？

安宁从小就是个独立要强的女孩，无论在什么事情上，总是不甘落在别人后面，这一点在她工作之后更是体现地淋漓尽致。

在她事业稳步上升的时候，她认识了同样事业心很重的魏炜，俩人经过熟悉到热恋，最终喜结伉俪。

婚后，魏炜不愿永远为别人打工，便辞了职开始创业，而安宁也很支持他的想法，于是，魏炜便从最开始的十几平米办公室做起，一直在艰苦地奋斗着，有时候，难免会碰壁，实在累的时候，魏炜放弃的心都有，但是安宁一直在精神上默默地支持着丈夫，总是给他鼓励，给他动力。后来，功夫不负有心人，魏炜终于拥有了自己的公司，有了上千人的员工，有了自己的房子和车子。

朋友们都以为这个时候安宁会跟大多数女人一样，做一个财大气粗的阔太太，但是，令他们没有想到的是，安宁还是那个安宁，每天挤公交车，穿能上得了台面但不是天价的衣服，还继续坚持在自己的工作领域摸爬滚打着。安宁说："魏炜再有钱，那也是他的，我承认他能给我想要的生活，但是，那不是我自己奋斗得来的，即使拥有了它我也不会开心。"

女人应该拥有自己的事业，用自己的双手赚钱。不能把所有的希望都寄托在男人身上，那样过根本就不开心，也不会快乐。做女人不是应该活得精彩一点儿潇洒一点儿吗？幸福的方式有很多，但是，把男人当作"赚钱工具"的女人永远都不会得到幸福，要知道，在经济上独立的女人才能真正地独立。

十二　别被信用卡"卡"住

嫣然留学归来在一家合资企业工作，虽然收入不菲，但消费也不低。当时有银行到单位推销信用卡，只要出具身份证、工作证及收入证明，就可以办一张具备透支功能的信用卡。嫣然平时花钱大手大脚，工资经常入不敷出，所以，她觉得这种信用卡非常适合自己，便立即从单位开了收入证明，很快便拿到了一张透支额度为1.5万元的信用卡。

通过咨询，嫣然知道用这种卡可以先消费后还款，并且有免息还款期、最低还款额等各种优惠待遇，即使透支后长期不还，各种附加费用也只有万分之五。于是她用这张信用卡透支买了笔记本电脑，为自己更换了一部新手机……很快1.5万元的透支额度便消费一空。

嫣然本打算到年底发了年终奖再全部偿还透支款，可刚到半年的时候，银行的催款通知书便一张接一张地寄来，并且催款单上的利息和滞纳金数额越来越大。这时她再也坐不住了，找来计算器一算，透支的年利息和滞纳金竟然高达全款的20%，这哪里是信用卡呀，分明是"高利贷"嘛！每月的还款压得她喘不过气来，于是，她决定向朋友借钱把所有的透支款全部还清，并把这张信用卡做了销户处理，从此再也不敢使用信用卡了。

信用卡作为一种快捷的支付工具，已经越来越受到人们的喜爱，但随着它的逐步普及，很多问题却也日渐显露了出来。

第一，无节制消费。"一人多卡"意味着可透支消费的额度增加了，对于消费欲望强烈，自控能力又差的人，很容易无计划刷卡。

第二，信用记录"带污点"。每张信用卡的还款期不同，如何牢记信用卡还款日及时还款，是许多持有多张信用卡的人头疼的一件事。拖欠信用卡透支款会给自己留下不良信用记录，给今后的生活带来不利影响。

第三，催生“睡眠卡”。持卡人手中的信用卡越多，不但会增加其管理信用卡的难度，而且有可能使一些信用卡成为从未使用的“睡眠卡”，产生额外的费用。

第四，不便保管易丢失。由于有的信用卡只认签名，丢失后很容易被人模仿签名恶意盗刷。

现在很多女性都如嫣然一样，做了“卡奴”，这个月用着下个月的工资，下个月又用下下个月的工资，每个月发工资成了最快乐和最痛苦的事情，感觉总有还不完的债。而与此同时，各家银行也都在纷纷推出各种各样名目繁多的信用卡，在它们形形色色的优惠条件强烈攻势下，消费者往往无所适从。那么，究竟该如何选择信用卡呢？

首先，在选择信用卡之前，一定要先比较各种不同的信用卡，看好类型再作决定。

商务卡：一般具有双币种、全球通用的特点，也就是说持卡人可在境外提取当地货币，回国后用人民币还款，这就免去了货币兑换的繁琐，节省时间。

都市白领多功能卡：发行这类卡的银行与商场、美容美发院、化妆品牌等合作，提供资讯、折扣、抽奖等优惠活动，并且定期举办理财投资、美容、文化欣赏等讲座。

信用车卡：对于有车一族，办一张汽车信用卡可以为加油、维修、汽车救援等带来许多方便。一般信用车卡有加油刷卡折扣优惠，有助于减轻油费负担。

享受折扣的联名卡：常见的联名卡主要是银行与航空公司、商场超市、图书馆等联合发行的银行卡种类。联名卡除了具有一般信用卡的基本功能外，还可以参加相关商户推出的打折、购物积分等优惠活动。

其次，在选择信用卡时一定要比较它们的年利率和年费。其中，年利率是最关键的因素。因为选择年利率较低的信用卡，就不用支付很高的透支利息了。

另外，还需要了解一张信用卡的最低还款额。许多的信用卡最低还款额是3%，但有一些可能还会再低一点，同时有些会高一点。与此同时，还要考虑免利息还款期，免利息还款期越长，则越省钱。

十三　充实自己，是最有价值的投资

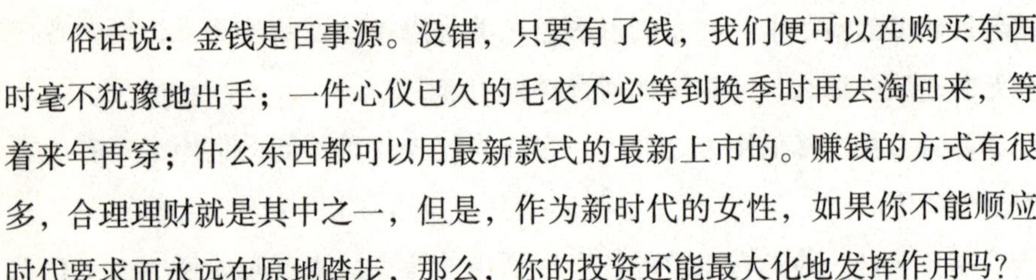

俗话说：金钱是百事源。没错，只要有了钱，我们便可以在购买东西时毫不犹豫地出手；一件心仪已久的毛衣不必等到换季时再去淘回来，等着来年再穿；什么东西都可以用最新款式的最新上市的。赚钱的方式有很多，合理理财就是其中之一，但是，作为新时代的女性，如果你不能顺应时代要求而永远在原地踏步，那么，你的投资还能最大化地发挥作用吗？

我们必须要明白：要想永远立于不败之地，就要学会不断地提升自己，因为在形形色色的投资中，最有价值的投资，永远是你自己。

亦然曾在读者文摘、得力制漆、福特汽车等公司工作过，涉足财务、人力资源、公关、信息科技、法务及行政管理等多个领域，她用了6年时间从中层主管做到最高层的主管，她说她能发展到今天主要是靠不断地努力和永不停步地学习。她不仅会把自己分内的工作做好，更会主动承担其他任务，以不断扩充自己的技能。

亦然说："我向来把公司的事业当自己的事业来做，这样我总能赢得主管的信任，我也因此得到更多的机会。比如我在做财务的时候，在把分内的事情都安排妥当后，若有多余的时间就会给其他同事讲讲课，结果大家觉得我很适合做HR，老板就把HR的工作交给了我。而当我把HR的工作同样出色地完成时，老板又给了我更多的工作任务。这样当我承担的越多时，我就会有越多的机会去尝试和成长，当然同时，也得到更多的认可。”

亦然从来不觉得身为女性就不必像男人那么努力，她像男性那样思考、行动，珍惜每一次机会，发展、充实自己。她认为，一个人对待工作和生活有怎样的态度，就会有怎样的收获。如今的她，优雅而干练，工作总是可以游刃有余，但是她却说：“我还需要不断地学习，这样才不会被身边优秀的人淘汰掉。”

亦然无疑是一位聪明知性的女性，她不会满足于现状、不会止步不前，而且她也永远懂得目标就在前面。时下的很多女性可能因为家庭所系，感觉自己根本抽不出时间来提升自己，其实，这从某种程度上来说真的只是一个借口，饭后之余看电视的时间、周末、还有平时用来发呆聊天的时间不都是时间吗？

在这个竞争激烈的时代，我们不仅仅要用学识来滋养心灵和气质，更要依靠知识来提升自己的竞争力。只有不断充实自己、提升自己的女性，自身价值才能不断飙升。什么情况下意味着你急需对自己的大脑进行“投资”了？

1. 当知识结构需要更新时。

当今社会，知识更新速度太快了，而职业生涯本身就是一个不断深造、不断积累、不断提升的过程。如果不学习，不接受新事物，不用新知识、新技术武装自己，淘汰掉的可能最先就是你。

2. 当工作中缺乏专业知识时。

选择一个与自己所从事的职业相关的专业，赶紧补补课，强化应用性，尽快提升自己的价值，增强竞争力。

3. 当职业发展缓慢时。

专家表示，理性的职场中人都会对自己的职业发展前景进行仔细、认真地规划。当他们看到自己在职业发展过程中，处在一种稳定、徘徊、进步缓慢的时候，他们会提前为自己打算。而此时他们选择的方式往往是提升自己，以便使自己职业选择的道路更宽。同时，在职场选择中站在十字路口的人，也应该通过及时充电而找到适合自己的职业、岗位。

4. 当缺乏职场安全感时。

在变化莫测的职场上，即使是那些已身为高级主管的高端人才，仍没有安全感和归属感，也害怕有一天会被淘汰，更不要说年纪轻轻的女性了，所以，抓紧时机充实自己、提升自己是必要的选择。

一定要记住，只有你自己在不断升值的时候，你所拥有的一切才不会贬值。

第九章　健康：

从“满不在乎”到“疼爱自己”的转身

一　战“痘”到底，饮品喝出好肤质

很多女孩都会为脑门上、脸颊上，或者下巴上那几颗恼人的痘痘而郁郁寡欢，因为它们的“野火烧不尽，春风吹又生”而不敢出门。

青春痘又称粉刺、痤疮，是一种毛囊与皮脂腺的慢性炎症性皮肤病，一般认为与内分泌、皮脂和微生物有关，多见于青春期。

可以通过摄入一些含特定维生素的食物，减轻和缓解这种情况。维生素C对治疗青春痘有一定作用，还可抑制黑色素的形成，减少黑斑的产生，绿色蔬菜、番茄和橘子、酸枣、山楂等食物中都含有大量维生素C；维生素E具有促进末端血管血液循环的作用，可调节激素的正常分泌，使粉刺症状得到减轻，含维生素E多的食物包括卷心菜、花菜、菜籽油、芝麻油、葵花籽油等。适当多吃动物肝肾、多喝豆浆等含维生素B2的食物，因为维生素B2可治疗脂溢性皮炎，另外维生素B6也可以治疗皮炎，它存在于谷类、豆类、瘦肉、干酵母等食物中。

我们经常会见到一些“疤脸人士”，我们可能以为她的疤是一种病，其实不然，那是青春痘的痕迹。在一般人的意识中，认为青春痘不过如此，等它长熟了挤出来便是了，这种方法万万要不得，因为你看起来是挤光了那些白色脓状物，其实不然，它还残存在毛囊深处。并且，在你挤的同时，手上的很多细菌会随着挤开的伤口深入肌肤，伤口好之后，便会留下浅褐色的疤痕。

所以，别与厨房绝缘。在青春痘茂盛的时候，要多多出入厨房，调制一种粥或者饮品，把青春痘“喝”下去。

山楂桃仁粥。

粳米60克，山楂、桃仁各9克，荷叶半张。将山楂、桃仁、荷叶加水煮汤，去渣后入粳米煮成粥。每日1次，连用30日。适用于痰淤凝结所致的痤疮。

枇杷叶膏。

将鲜枇杷叶（洗净去毛）1千克，放人8升水中煮3小时，然后过滤去渣，再浓缩成膏，兑入适量蜂蜜混匀，贮存备用。每日2次，每次吃10~15克。清解肺热，化痰止咳。适用于痤疮、酒糟鼻等。

果菜防痤汁。

取苦瓜、黄瓜、芹菜、梨、橙、菠萝各适量同搅汁，调入蜂蜜饮服。每日1~2次。具有清热解毒、杀菌功效。适用于防治痤疮。

雪梨芹菜汁。

雪梨150克，芹菜100克，番茄1个，柠檬半个。洗净后切小块放在一起榨汁饮用，每日1次。清热，润肤，可辅助防治痤疮。

果菜绿豆饮。

取小白菜、芹菜、苦瓜、柿椒、柠檬、苹果、绿豆各适量。先将绿豆煮30分钟，滤其汁；将小白菜、芹菜、苦瓜、柿椒、苹果分别洗净切段或块，搅汁，调入绿豆汁，滴入柠檬汁，加蜂蜜调味饮用。每日1~2次。有清热解毒，防治粉刺功效。

醋姜木瓜。

陈醋100毫升，木瓜60克，生姜9克。将3味共同煎煮，醋干后，取出木瓜、生姜食用。每日1次，早晚2次吃完，连用7日。对脾胃痰温所致的痤疮有效。

枸杞消炎粥。

白鸽肉、粳米各100克，枸杞子30克，细盐、香油、味精适量。将白鸽肉洗净剁泥，加入枸杞子和粳米及适量水，文火煨粥，粥成时加入细盐、味精、香油。每日1次，分2次食用，5~8剂为1个疗程。具有养阴润肤退肿的作用。适用于皮肤有感染、脸生粉刺者。

海藻薏仁粥。

薏仁30克，海藻、海带、甜杏仁各9克。先将海藻、海带、甜杏仁加水适量煎煮，弃渣后与薏仁煮粥食用，每日1次。有消炎、活血化瘀的作用，适用于痤疮。

二 水果，这样吃最健康

爱美的女孩都知道水果的好处。多吃水果让人美丽，且不会发胖，所以每人个个都是水果狂。但是大多数人通常只选择吃自己喜欢的水果，并不了解不同种类水果的作用也有区别，从而忽略了身体的不同需要。木瓜为女人增添丰韵，桃子美容保湿，草莓安神助眠，荔枝可以体力充沛，蓝莓将你包装成“电眼杀手”，香蕉则将女性带入忧郁迷离的阴霾……这些，你全都了解吗?

古板而缺少变化的食用方法只会限制水果功效的全部发挥，全面掌握、科学而有针对性的选择才能最大程度地获得自然的恩泽。

1. 水果不可常当正餐。

身体健康需要全面的营养物质来保障，光吃水果是不行的。长期用水果当正餐，会引起蛋白质和铁的摄入不足，导致贫血和免疫功能降低等现象。如果为了减肥吃水果餐而住院就更得不偿失了。

2. 要分清饭前吃还是饭后吃。

对于想减肥的人，在饭前1~2个小时吃点水果或饮果汁可减少对食物的需求量。但消化功能不良者最好在饭后1小时再吃水果。有些水果最好饭前吃，如香蕉，其中富含钾，对心脏和肌肉的功能有益，还可辅助治疗便秘、小儿腹泻等。红枣中含有大量维生素C，最好也餐前吃，但胃痛腹胀、消化不良的人要忌食。有些水果要餐后吃。如果空腹吃柿子，胃酸会与柿子中含有的大量柿胶和鞣质形成“胃柿石”，严重影响消化功能。还有空腹吃菠萝会伤害胃壁，少数人还会产生过敏反应。

3. 削掉腐烂部分的烂水果不能吃。

剔除了腐烂部分的水果仍然是不能吃的。水果在腐烂后，溃烂的地方会有病原微生物侵入，产生的有害、有毒物质会污染尚未发生病变的果肉，有些真菌及其毒素还具有致癌作用，食用后对人体健康造成影响。

4. 少食反季节水果。

所谓反季节水果，是指利用日光、温室等科技手段和设备栽培的水果。虽然反季节水果外形美观，又可以使我们在淡季品尝到新鲜的水果，但这种水果维生素 C 含量低，并且口感欠佳，价格也比同类应季水果贵。有些反季节水果是利用化学试剂催熟的，尽管毒性较低，但长期食用也是对人体有害的。

5. 最好削皮吃。

虽然从营养学角度来讲水果最好带皮吃，因为果皮中的维生素 C 要比果肉含得多，像 100 克鲜苹果皮含维生素 C 60 毫克，而 100 克苹果果肉仅含 12 ~ 13 毫克。但为安全起见，水果最好削皮吃，因为果皮可能残留农药，或果农为储藏保鲜而进行表皮上蜡。只是葡萄不好削皮，在吃之前要认真清洗。

再熟悉了一些吃水果的禁忌后，你肯定很想知道什么样的水果可以美容、什么样的水果可以辅助睡眠、什么样的水果可以瘦身了吧？

猕猴桃——瘦身先锋

猕猴桃是营养学家推荐的“每日必吃的”最佳水果，它是抽烟者的好选择，减肥者的好伴侣，女性美容师，也是你的健康顾问。

木瓜——性情之果

木瓜有着千古流传的丰胸美名，还能美白肌肤、消除脂肪，让你吃出美丽，尽情释放魅力和活力。

樱桃——补血明星

樱桃被誉为水果中的铁矿，拥有无与伦比的补血能力，能够击退贫血，给疲惫的身体来个彻底的大清洗。

草莓——红粉佳人

草莓具有安神、助眠、消除疲劳、解除精神压力的奇妙效果；它集维生素 C 与 H 于一身，浓缩出精华，是“活的维生素丸”。

橙子——VC精灵

橙子不仅可以保护人们不受严寒和干燥空气的损伤，放松紧张的神经，解除一天的疲劳，美肤护肤，它还能调整酸性体质。

桃——美白润肤霜

桃子可以清除体内废物，可以令你的肌肤白里透红，爱美的女性们，还在等什么？

香蕉——忧郁终结者

香蕉可以补足身体迅速流失的能量，常吃的话，能够提高耐力，振奋精神，使人变得开心。

葡萄——活肤精华

深紫的葡萄可以使人长葆青春，延缓衰老，随着它的抗氧化能力被发掘，这一深紫色的甜美水果正越来越多地影响着我们的日常生活。

西红柿——抗癌尖兵

田地里酸酸甜甜的西红柿，可为我们带来足够的活力、足够的耐性，施展健康魔法，抗击癌症，帮助现代人解决饮食结构和巨大压力引发的各种问题。

菠萝——饭后美白药

菠萝是中国人最喜欢，也是女性最需要的水果之一，它香甜微酸，俏皮可爱，呵护女性的肌肤；经常吃菠萝，还可以滋养头发，消除身体紧张。实践证明，常喝新鲜菠萝汁能令肌肤白皙，并降低老人斑的发生率。

荔枝——纯阳之果

晶莹剔透的果肉蕴含着纯阳的力量，能为身体虚弱的人补充能量，赶走苍白脸色，加速新陈代谢。

梨——润肺专家

梨对女性来说特别重要，它能使你有“骨气”，柔韧骨骼，净化血液，让你水灵动人。

西瓜——盛夏的果实

清热降火的西瓜甜美多汁，是中国传统的避暑佳果，也是盛夏的果中之王，它汁液充沛，祛火利尿，修饰腿部线条的能力卓越突出，还有美容、开胃、助消化、降压、驱虫、止渴等作用等待你慢慢发掘。

苹果——天然胭脂

苹果自古以来就是女性的朋友，一天一个苹果，让你吃出红润的“苹果脸”，恰当运用苹果餐，轻松营造苗条身材。拿起苹果，就等于放下了病痛。

三　认真卸妆，让皮肤“透透气”

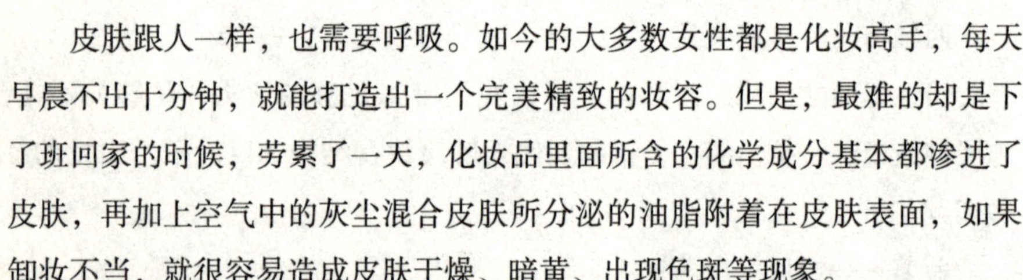

皮肤跟人一样，也需要呼吸。如今的大多数女性都是化妆高手，每天早晨不出十分钟，就能打造出一个完美精致的妆容。但是，最难的却是下了班回家的时候，劳累了一天，化妆品里面所含的化学成分基本都渗进了皮肤，再加上空气中的灰尘混合皮肤所分泌的油脂附着在皮肤表面，如果卸妆不当，就很容易造成皮肤干燥、暗黄、出现色斑等现象。

要想早早地远离这些老化现象，保持一个完美无瑕的肌肤，首先必须要知道如何选择卸妆用品。要知道，虽然同样是卸妆用品，但其质地和适用人群却各不相同。大致可分为以下几类，你可根据自己的皮肤特点和喜好作出选择。

卸妆液。

不含油分，根据不同的配方分为弱清洁和强力清洁两大类。前者用来卸淡妆，使用后感觉十分清爽；后者适合卸浓妆，但容易使肌肤干燥，干燥肌肤不宜长期使用，油性肌肤适合选用。

卸妆乳。

乳状质地，使用后很容易用化妆棉或水清理干净，适合中度化妆或者特殊情况临时使用。水油平衡的卸妆乳液很适合中干性肌肤，油性成分可以洗去污垢，水性成分可以留住肌肤的滋润成分，它在卸妆的同时有很好的抗老化功能，其成分完全被乳化，不会对肌肤造成负担。

卸妆油。

是最容易卸除彩妆的产品，针对含油脂的化妆品，混水使用后，只需以水清洗便可彻底卸除面上彩妆。基本的成分为矿物油、合成脂或植物油，除了可将化妆品溶解外还能深层清洁毛孔，浓妆最为合适。其中，植物油最安全，优点是亲肤性好，不会造成过敏、刺激。矿物油在使用上较油腻，卸妆效果不如植物油。合成脂有时会导致面疱和粉刺，或是其他的刺激效应。

卸妆棉布。

是集卸妆、洁面、促进血液循环及滋润多种功能于一体的卸妆产品，使用起来非常方便，适合出外公干或旅游时使用。其温和的性质在洁面的同时，还可令肌肤享受按摩的感觉。不过很多卸妆棉布都具有清除角质的功效，所以敏感皮肤最好不要早晚使用，隔天使用即可。

专用卸妆产品。

如眼部、唇部或睫毛卸妆用品，因为眼部的肌肤非常脆弱，容易引起刺激过敏，所以应选择专门为这些部位而设计的质地温和的卸妆产品，还要配合最温柔的卸妆方法，才不会对眼周皮肤造成伤害。双唇的皮肤也格外娇嫩，容易引起刺激或过敏，一般眼部卸妆品也可用于唇部。

其次就是如何卸妆以及卸妆步骤了，正确的卸妆步骤不仅可以帮你卸掉脸上残存的化学物品和灰尘，还可以帮你的脸部做一次有氧运动，让你的肌肤好好呼吸一次。

脸妆两次清洁最彻底。

面部卸妆是最基本的清洁环节，对面部进行卸妆前，一定要认真阅读卸妆用品说明书，因为不同的产品使用的方法也不尽相同。在鼻子两侧要用卸妆乳上下涂抹，其他部位由内向外轻揉，待污垢完全与卸妆乳融合再擦掉或冲洗掉。

卸妆步骤：

1. 取适量的卸妆乳，用化妆棉或指尖均匀地涂于脸部、颈部，以打圈的方式轻柔按摩。

2. 鼻子以螺旋状由外而内轻抚，卸除脖子的粉底要由下而上清洁。

3. 用面巾纸或化妆棉擦拭，直到面巾纸或化妆棉上没有粉底颜色为止。

细节提示：

1. 卸妆完毕，应再用性质温和的洗面奶洗脸，然后再用爽肤水对肌肤做最后的清洁，以及平衡肌肤的PH值。在选用产品时，最好使用同一品牌的系列产品。

2. 敏感皮肤在使用卸妆产品时应小心谨慎，最好选择不含酒精、香料、色素等化学成分，且性质温和的卸妆产品，而且卸妆时间不宜过长。

3. 使用化妆棉卸妆时，可将化妆棉对折两次，用完一面再换干净的一面擦拭，这样一来化妆棉便可重复使用多次，既节省了化妆棉又提醒了自己多卸几次妆。

眼妆选用专用卸妆产品。

如果你经常化妆，一定要用眼部专用的液状乳液清除眼妆，特别是眼线和睫毛液，不要让化妆品的色素渗透到眼皮里，否则眼睛看起来出现一个黑圈。

卸妆步骤：

1. 如果使用的不是防水睫毛膏，便可以用化妆棉或棉片蘸取眼唇专用卸妆液，在眼部轻按3秒，让眼妆充分地溶解，然后按照眼皮的纹理，右眼顺时针，左眼逆时针的方向清洁。

2. 卸除防水睫毛膏时，先将面巾纸或化妆棉用剪刀剪成条状，然后用蘸取了卸妆液的棉棒，轻轻地在睫毛根处停留5秒，最后顺着睫毛从上而下清理。下睫毛和下眼线可用棉花棒，蘸取眼部卸妆液做局部清洁。

贴心提示：

1. 戴隐形眼镜或眼睛易过敏的人，一定要选择温和而不刺激的卸妆液；

2. 在使用水油双层的眼唇专用卸妆液时，一定要在用前充分摇匀。

唇妆牛奶卸妆液最适宜。

唇部的皮肤较薄而且脆弱，但如果不注意卸妆或卸妆不彻底，会引起有害物质的沉积，造成唇纹，唇色加深。在清除唇部化妆品时应选用卸唇液，这种产品清洁时不会伤害到皮肤，可增强皮肤之韧性及镇静皮肤。一般牛奶卸妆液性质比较温和，最适宜眼部与唇部一起卸妆。

卸妆步骤：

1. 用化妆棉蘸取眼唇专用卸妆液，轻敷双唇数秒，等卸妆液溶化口红后，再以化妆棉横向擦拭唇部。

2. 再用沾有卸妆液的化妆棉由嘴角开始往内擦拭，擦拭嘴角时要注意方向是往内转动的。

贴心提醒：

卸妆后应使用润唇膏保护唇部，避免唇纹加深。也可将沾湿了保湿化妆水或保湿液的化妆棉敷在唇部，约 10 分钟即可。

眉妆不可省略的小步骤。

眉部的卸妆方法比较简单，用沾有卸妆水的棉签轻轻擦拭。

细节提示：

千万不要因为简单而省略这个步骤，若眉粉没有被清理干净，很可能会在你卸除面部彩妆时被渗入毛孔内，造成毛孔堵塞。

四　喝水有学问，教你做真正的水美人

有句话说女人是水做的，充分说明女人的健康和漂亮与水有着直接的关系。我们每天都在喝水、补水，可是，这些真相你知道吗？

1. 清晨慎补水。

消瘦，肤白，体质寒凉的人，早晨不适合饮用低于体温的牛奶，果汁或冷水，可以换作温热的汤、粥。鲜榨果汁不适合早晨空空的肠胃，即使是在夏季也要配合早餐一起饮用。早晨补水忌盐，煲的浓浓的肉汤、咸咸

的馄饨汤都不适合早晨，这只会加重早晨身体的饥渴。

2. 餐前补水最养胃。

西餐有餐前开胃的步骤，其道理在于利用汤菜来调动食欲，润滑食道，为进餐做好准备。那么，饭前补水也就有着同样的意义，进固体食物前，先小饮半杯（约100毫升），可以是室温的果汁、酸奶，也可以是温热的冰糖菊花水或淡淡的茶水，或者是一小碗浓浓的开胃汤，都是很好的养胃之法。

3. 多喝看不见的水。

有的人看上去一天到晚都不喝水，那是因为由食物中摄取的水分已经足够应付所需。食物也含水，比如米饭，其中含水量达到60%，而粥呢，就更是含水丰富了。翻开食物成分表不难看出，蔬菜水果的含水量一般超过70%，即便一天只吃500克果蔬，也能获得300~400毫升水分（有两杯）。加之日常饮食讲究的就是干稀搭配，所以从三餐食物中获得1500~2000毫升的水分并不困难。

4. 记住利水食物。

所谓利水食物是指能增加身体水分排泄的食物，如西瓜、咖啡、茶等含有利尿成分，能促进肾脏尿液的形成；还有粗粮、蔬菜水果等含有膳食纤维，能在肠道结合大量水分，增加粪便的重量；辛辣刺激的成分能促进体表毛细血管的舒张，让人大汗淋漓、体表水分流失。补也好、利也好，都是达到身体水分平衡的手段。

5. 畅饮与美容无关。

身体缺少水分，皮肤看上去会干燥没有光泽；饮水过少还容易发生便干，甚至便秘，皮肤很容易生小痘痘。虽说如此，只靠补充水分对肤质和肤色的影响毕竟有限，不过现在很多添加维生素的饮料打出了美容牌，比如一种乳饮料里面含有维生素B6，其产品声称“能令皮肤润滑细嫩”，而现在含有这种“美容维生素”的饮料还真不少。正统的营养学专著中并没有提到它的美容作用，好在摄入多些一没有危险，二还可以预防冠心病的发生，也算有益无害吧。

6. 水里也暗含“杀机”。

经过煮沸的自来水可能含有具有致癌性的高氯化合物，如经较长时间放置（隔夜）水质会发生老化。现在各种家用水处理机也纷纷登场，类似曾风靡一时的矿泉壶，这样的设备存在后续维护的问题，就如同饮水机，可能成为饮用水二次污染的源头。

7. 喝运动饮料的学问。

剧烈运动前后不能补白水，也不能补高浓度的果汁，而应补充运动饮料。运动饮料中应该含有少量糖分、钠盐、钾、镁、钙和多种水溶性维生素，以补充运动中身体所失及所需。饮白水会造成血液稀释，排汗量剧增，进一步加重脱水。果汁中过高的糖浓度使果汁由胃排空的时间延长，造成运动中胃部不适。运动饮料特殊设计的无机盐和糖的浓度会避免这些不良反应。运动饮料的温度也讲究，过高不利于降低体温散热，过凉会造成胃肠道痉挛，一般应口感清凉，温度在10度左右。

8. 警惕酸味饮料。

各种果汁饮料多采用柠檬酸作味剂，柠檬酸食用过多，大量的有机酸骤然进入人体，当摄入量超过机体对酸的处理能力时，就会使体内的PH值不平衡，导致酸血症的产生，使人疲乏，困倦。特别是在盛夏，由于天气炎热，出汗较多，人体会损失大量的电解质，如钾、钠、氯等碱性成分，大量的酸味饮料更容易令体液呈酸性。因此，在夏季不宜过多饮用添加有机酸的酸味饮料。

9. 甜饮料的陷阱。

如果口渴的时候首先想到的是饮料，可是相当危险的。可乐、雪碧、芬达的含糖量是11%，超过了西瓜、苹果、柑橘等很多种水果，一听350毫升的可乐所含的能量等同于一片面包、一个玉米或250克水果。各种果汁的含糖量与此相当，甚至还要更高于它。

10. 淡盐水的好处。

淡盐水是指相当于生理浓度的盐水，每百毫升中含1克左右的盐分，它在日常生活中有几种用途：一、大汗之后补充身体丢失的水分和钠；二、腹泻之后补充由肠道丢失的水分和盐，维持电解质的平衡；三、淡盐水漱口能清除口腔内的细菌，减轻口咽部炎症造成的红肿。但是，淡盐水不适合心脏功能不好，有高血压的人饮用，特别是在早晨，当血液黏稠度最高时，饮用淡盐水会加重口干，促进血压升高。

11. 识破“花样”水。

纯净水，经多重过滤去除了各种微生物、杂质和有益的矿物质，突出的是饮用的安全性，它是一种软水，许多人认为它不够营养，长期饮用不利健康，可是这种观点未被证实。矿泉水，是种自然资源，由地层深处开采出来，含有丰富的稀有矿物质，略呈碱性，应该更有利于健康，但是不排除有机物污染的可能。矿物质水，在纯净水中按照人体浓度比例添加矿物质浓缩液配制而成的人工矿泉水，标志着饮用水科技的新高度。

12. 爱运动更要会补水。运动补水要掌握以下原则：

1）不能渴时才补。因为感到口渴时，丢失的水分已达体重的2%。

2）运动前、中、后都要补水。运动前2小时补250～500毫升；运动前即刻补150～250毫升；运动中每15～20分钟补120～240毫升；运动后按运动中体重的丢失量，体重每下降1千克需补1升。

13. 勤补水并不明智。

身体处于稳定状态的时候，每天正常补水1000～2000毫升，让小便保持清亮充沛就可以了。但是如果自觉或不自觉地大量饮水，这其中就有问题了。首先，说明你的身体可能处于脱水状态，身处高温环境，大量排汗或大量进食盐分都可能出现这种情况，那么补水是必要的；其次，如果存在高血糖、垂体或肾脏功能异常的情况；或者处于感冒、发烧等感染性疾病中；又或者有泌尿系统炎症，甚至是一名高尿酸血症患者，那也可以主动大量饮水。

14. 维生素C饮料多喝无益。

新上市的饮料中很多都含有维生素C，维生素C的益处自不必说，为了预防缺乏，每天人体需要补充60～100毫克。

附：健康喝水时间表

6：30——经过一整夜的睡眠，身体开始缺水，起床之际先喝250毫升的水，可帮助肾脏及肝脏解毒。

8：30——清晨从起床到办公室的过程，时间总是特别紧凑，情绪也较紧张，身体无形中会出现脱水现象，所以到了办公室后，先别急着泡咖啡，给自己一杯至少250毫升的水。

11：00——在冷气房里工作一段时间后，一定得趁起身活动的时候，再给自己一天里的第三杯水，补充流失的水分，有助于放松紧张的工作情绪。

12：50——用完午餐半小时后，喝一些水，可以加强身体的消化功能。

15：00——一杯矿泉水代替下午茶与咖啡等提神饮料吧！能够提神醒脑。

17：30——下班离开办公室前，再喝一杯水，增加饱腹感，待会吃晚餐时，自然不会暴饮暴食。

22：00——睡前一至半小时再喝上一杯水，不过别一口气喝太多，以免半夜上洗手间影响睡眠质量。

五　自我检查，关注胸部健康

胸部是女人比较敏感的部位，也是疾病的多发部位。拥有一对挺拔、健康的乳房，几乎是每个女性朋友的梦想，因为它可以为女性的身材和美丽加分。但是近几年，被乳房疾病困扰的女性正在迅速增长。最常见的是乳腺增生症，最危险的是乳癌——这个已经列入女性发病率最高的妇科疾病。所以，提高你的警觉，做好乳房的自我保健功课至关重要。

在日常生活中，女性朋友一定要定期做乳房自检，尽早发现乳房疾病。做自我检查需要警惕的是新出现的硬块、皮肤有凹陷、皮肤起皱褶、皮下变厚或变硬、乳头内缩、乳头流血或有分泌物。

自我检查的具体操作方法如下：

（1）沐浴时：举起一支手臂，用手指（非指尖）碰触两个乳房的每一部分，慢慢且仔细地感觉有否肿块或增厚的组织。用你的右手检查左乳，左手检查右乳。

（2）站在镜前：两手顺肩下垂在身体两侧，然后举起超过头部，小心查看乳房大小、形状及轮廓的改变。注意皮肤构造是否有皱褶、下凹或变化。轻轻地挤压两个乳头，看看是否有分泌物流出。

（3）平躺下来：这是最重要的一个步骤，因为这是唯一可让你感觉到所有构造的一种姿势。在左肩下垫一块浴巾或枕头，然后将左手放在头下，右手手指并拢，轻轻感觉你的左乳，不要太用力去压。用手指以下小旋转的方式，由乳房外围逐渐向乳头螺旋形移动。检查乳房的每一部分。同样步骤对右乳再做一遍检查。务必要检查腋窝下的地方。

自我检查的目的就是做到早发现早治疗，以减少身体和心理的痛苦和压力。

很多女性可能对自己的胸部曲线不够满意，会尝试一些丰胸产品，甚至是丰胸手术，但是我们都知道，这些药物和手术都存在一定的安全隐患，所以，在权衡过这些因素之后，女性朋友们又一度陷入迷茫，那么，倒不如尝试尝试胸部运动操，让它帮助你获得一个完美柔滑的胸线。

（1）手掌对抗。双腿并拢跪立，将双手在胸前相握。将两只手用力对抗相推，然后放松。做10次后，静止用力5～10秒。休息30秒，再做一遍，可以锻炼胸肌。

（2）两臂上前举。坐在椅子上，双臂放在身体内侧，慢慢地向两边举起，在达到头、肩之间的高度之后，再将双臂缓慢向前举，直到两只胳膊快要相碰，然后停止，两臂分开，还原并使肌肉放松。如此反复慢移5～8次。

（3）俯卧撑。首先双腿并拢，跪撑，双脚抬起，双手在前支撑。肘关节向两侧弯曲，身体下压，伸展胸肌。然后吸气，再用力向上推起，直至两臂伸直。同时抬头挺胸，还原成预备姿势，做10次，休息30秒，再做10次。这项运动能够锻炼胸肌、三角肌、肱三头肌，从而使乳房坚挺，肩和手臂肌肉饱满。

（4）仰卧上举。屈腿仰卧，两臂在身体两侧，稍稍弯曲，拳心向上。然后手握哑铃，两臂用力夹胸上举，拳心相对，然后慢慢还原，做10次，休息30秒，再做10次。这样可以有效地刺激胸肌的深层和远端，达到强健胸肌的效果。

（5）仰俯上推。屈腿仰卧，双手持哑铃，双臂在胸前弯曲，拳心向前。双臂用力上推，直到伸直，然后慢慢还原。做10次，休息30秒，再做10次。

（6）俯卧划水。在床边俯卧，把胸部伸出床外，然后上半身抬起，双手交替做“划水”姿势。每分钟10～15次。

（7）两臂相剪。双腿并拢，跪立，两臂伸直斜下，使手心朝下，挺胸。然后两臂用力在体前交叉相剪，再快速打开。做10次，休息30秒，再做10次。这项运动可以很好地锻炼胸部和手臂肌肉。

（8）双臂直举。在床上仰卧，双手握哑铃，两臂平伸，依靠胸肌收缩力直臂上举，然后放松还原，每分钟重复做20～30次。

（9）双臂后伸。双腿并拢，跪立，臀部坐在脚跟上，两只手从身后相握。抬头并用力挺胸，两臂尽量向后伸。这样能够刺激胸肌的中部，并使胸肌得到伸展和放松、有助于形成昂首挺胸的身体姿态。

六　练好睡功，拥有高质量的睡眠

拥有高质量睡眠的女人总是神采奕奕，肌肤细致，眼睛明亮。那是因为在睡眠时，皮肤的新陈代谢格外活跃，皮肤表面的分泌和消除过程不断加强，而供给皮肤营养的毛细血管循环持续增多。良好的新陈代谢，使皮肤能够吸收足够营养，清除表皮的多余物，保证肌肤的再生。

但是，随着压力的增大成了很多女性朋友的家常便饭。睡眠是一种生物节律，它的质量直接影响着人的整体状态。

如果你正在被各种各样的繁杂事务折磨得辗转难眠，或者正在因为突然出现的黑眼圈心情黯然，那么，不妨看看这些建议，它们会让你拥有一个高质量的睡眠：

1. 营造好的睡眠环境。

营造好的睡眠环境，是改善睡眠质量的第一步。睡前最好先让房间通风，卧房内的温度控制在 18 摄氏度 ~20 摄氏度之间，以免睡觉时喉咙或鼻子过于干燥，冬天最好选用加湿器或在暖气上方放盆水。

房间的主色调看似无关紧要，其实对睡眠影响不小。如果房内充斥红色、橘红或鲜黄色等令人振奋的颜色，会使人不易入睡，而紫色、黄褐色或海军蓝等深暗的色调，则可能造成人的心情沉重，因此最好选择淡蓝、淡绿或略带其他色彩的白色，作为卧房的主色。

2. 选择适合的卧具。

既然是睡眠，肯定要有卧具，即床、被褥、枕头、席子、床单和睡衣等。床是最主要的卧具。床的合适与不合适，床的摆放正确与否，都与人的睡眠质量有着非常密切的关系。依照人体工程学观点，床的宽度以肩宽的 2.5 ~3 倍为最适宜。因为，床太窄，不容易翻身，自然会影响睡眠的质量，床太宽，虽然可以自由翻身，但从心理学来说，也会产生不安的心理而影响睡眠。床面柔软舒适，有利于肌肉的放松和解除疲劳，使全身得到休息，但又不过度改变脊柱的生理曲度的床最为理想。

枕头的选择也应多加重视。枕头高度不对，可能造成颈部生硬，不用枕头，睡起来又不舒服。最好选择支持颈椎并能使头部重量平均分散的枕头。至于枕头的硬度，视个人喜好及睡姿而定。专家指出，习惯侧睡的人，适合用质地较硬的枕头；仰睡者适用中等硬度的睡枕，如果你喜欢趴着睡，软枕是较佳的选择。花的香味，可能扰乱睡眠，绿色植物夜里又会消耗氧气，两者都不适合放在卧房。

3. 睡前的注意事项。

睡前不要进行紧张的脑力劳动，避免剧烈的运动或体力劳动。取而代之的应该是在户外散步，尽量减少主观上的刺激。

晚上不宜饮用浓茶或咖啡等刺激性饮料，也不要喝过多的饮料和果汁。茶和咖啡等会刺激大脑，使大脑不易进入抑制状态，而饮过多果汁会

导致小便次数增加，不利于再次入睡。

睡前用温热水浸泡足部10～20分钟，可以帮助消除疲劳，活跃末梢神经，促进全身的血液循环，并且可以提高记忆力，摆脱失眠的困扰。

睡前适量饮醋可以把一天的食物中不溶性的钙、铁、磷等转化为可溶性盐类，从而提高消化道中可溶性钙的浓度，以便于人体的吸收，这对于中年人的骨质疏松有很好的预防作用。而且，醋中的乙酸含量大约为3%～5%，是一种弱酸，其酸度比胃液中的酸度小10多倍，适量地饮用，可以调节胃液的酸度，帮助消化。另外，饮醋能增强人体上皮细胞的功能，延缓皮肤老化。

4. 健康的睡姿非常重要。

睡觉时，保持脚微弓、屈膝、向右侧卧的姿态，可以避免压迫心脏，有助于血液循环与肠胃消化的运行，是比较健康的睡姿。

不要蒙头睡觉，把头蒙在被窝里，几乎不能与外面的空气相交换，随着呼吸的进行，被窝里的氧气越来越少，二氧化碳越积越多，再加上其他混浊的气体，会影响呼吸的正常进行。平时空气中的含氧量为21%，二氧化碳含量为0.04%，如果吸入的空气中二氧化碳的浓度达到2%时，就会有无力、头昏、胸闷等不适。

另外，睡觉时应避免张口呼吸。张口呼吸时，空气中的尘埃容易进入呼吸道，气流在口中往返，醒来后会有口干咽燥的感觉，容易引发呼吸道疾病，还可能出现面色失润、四肢清冷以及牙齿不固等问题。

5. 早上赖床5分钟。

人在睡眠时，大脑皮层处于抑制状态，各项生理机能都维持着低速运转，这时人体新陈代谢降低，心跳减慢，血压下降，呼吸变缓，部分血液淤积于四肢。清晨醒来后，呼吸、心跳、血压、肌肉张力等在大脑由抑制转为兴奋的一瞬间，即要迅速恢复正常运转。如果此时立即下床活动，最容易诱发心脑血管疾病。

因此，早上醒来的第一件事不是仓促穿衣，而是赖床5分钟，取仰卧位，进行心前区和头部的自我按摩，做深呼吸、舒展腰身和四肢，然后坐起，再缓缓下床，让刚从梦中醒来的身体，逐渐适应日常活动。

七　保持洁净，重视隐私部位

阴道是将子宫与外阴连接起来的管状器官，也是最容易发生疾病侵袭的器官，因为它与外界的接触比较紧密，而且很多内部生殖器官的病变，都是从阴道上行而发生的。有资料显示，女人一生中患妇科疾病的几率占95%，这是由于女性的特殊生理特点决定的。但是很多妇科疾病在初期只是轻微的、不容易觉察的，这样一来，没有引起重视，结果导致严重的病变，甚至癌症。所以，年轻的女性，需要在日常生活中，时刻注意自己的私密处变化，增强防范意识。

1. 白带——妇科疾病的信号灯

女性阴道平时保持在一种湿润的状态，有一些少量透明、接近白色、无臭的分泌物由阴道口分泌出，这种黏液就称之为“白带”。检查白带的色泽、气味、量，可以提醒你是否患了某种妇科疾病。

当白带增多时，你一定要观察一下它的颜色、气味，看是否引起阴道的瘙痒等情况，在平常非排卵期与非月经前期，做个简单的自我检查。

透明粘性白带，呈蛋清样，性状与排卵期宫颈腺体分泌的黏液相似，但量显著增多，一般应考虑慢性宫颈内膜炎、卵巢功能失调，阴道炎或宫颈癌等疾病的可能。

灰黄色，泡沫状白带，为滴虫性阴道炎的特征，可伴有外阴瘙痒。

乳凝状白带，为念球菌阴道炎，伴有严重外阴瘙痒或灼痛感。

灰色鱼腥味白带，常见细菌性阴道炎。

脓样白带，色黄或黄绿，黏稠有臭味，滴虫或淋球菌等，细菌所致的急性阴道炎、宫颈炎、宫颈管炎均可引起宫腔积脓、宫颈癌、阴道癌。

血性白带，白带中混有血液，应考虑宫颈癌、子宫内膜癌、宫颈息肉或黏膜下肌瘤等，安放宫内节育器也可引起血性白带。

水样白带，持续流血或淘米样白带，且具奇臭味者一般为晚期宫颈癌、阴道癌或黏膜下肌瘤半感染，阵发性排出黄色或红色水样白带应注意输卵管癌的可能。

当出现如上述2~6项的情况时，你就必须立即就医，由内诊来判别具体妇科疾病，然后针对治疗。

2. 阴道的清洁工作

由于女性特殊的生理原因，人们甚至把女性的性器官称为“妇科病的无声滋生地”，这样看来，重视女性性器官卫生确实是一个非常重要的个人卫生及保健问题了。

那么，女性性器官卫生应该注意哪些具体的原则和方法呢?

正常情况下尽量少用阴道清洗液，只要用清水冲洗就行，也不要进行阴道内清洗，否则会带来麻烦。

清洗次数：每天1－2次即可。

清洗方式：用温水淋浴是最好的方式，如果无淋浴条件用盆洗时，必须专盆专用。

清洗顺序：手是病菌传播的主要媒介之一，因此清洗阴部前应先洗净双手，然后从前向后清洗外阴，再洗大、小阴唇，最后洗肛门周围及肛门。

清洗液产品使用：使用清洗液时，使用能够去污灭菌的保健性洁阴用品，最好遵医嘱，不要让含酸碱性的清洗液错误使用，破坏阴道内的生态环境。

保持阴部卫生注意要点：

在公共浴室不乱放衣物；清洗外阴、洗涤内裤后再洗脚；不与其他人换穿衣服，尤其是内衣；清洗阴部的盆子、毛巾一定要专用，清洗外阴用的毛巾与盆不可用来洗脚，毛巾要定期煮沸消毒，患有手足癣的妇女一定要早治疗，否则易引起霉菌性阴道炎；夏季衣着过单时尽量避免在公共汽车上久坐；不长期滥用抗生素和化学药物冲洗阴道，以防菌群失调引起霉菌性阴道炎等等。

3. 妇科专家的建议

妇科专家认为，预防妇科疾病是很重要的环节，但平时生活中也应该注意以下几个方面，以免细菌侵入。

穿棉质内裤，夏天避免穿连裤袜或紧身衣，保持私密处的清洁。

不要摄取太多甜食，以免改变了阴道的酸性环境，成为细菌滋长的温床。

每天吃一杯酸奶酪。不过并不是任何酸奶酪都有效，含有活性乳酸杆菌培养菌的酸奶酪会使感染几率减少三倍。

淋浴、泡浴或游泳后要将生殖器部位完全擦干。擦拭时由前往后擦，以免肛门的细菌传染给阴道。

注意保持心情愉快，减少压力，如果你发现感染的症状与某种压力有关时，应设法控制。

八　消灭疼痛，月月轻松

很多女性在经期都会出现痛经的现象，痛经是指女性在行经期间或月经前后，下腹部出现痉挛性疼痛或持续性疼痛，而且还会伴有恶心、呕吐、腰酸、乳胀、甚至发生昏厥的现象。

痛经分为原发性痛经和继发性痛经两种。原发性痛经是指从有月经开始就发生的腹痛，继发性痛经则是指行经数年或十几年才出现的经期腹痛，两种痛经的原因不同。原发性痛经的原因为子宫口狭小、子宫发育不良或经血中带有大片的子宫内膜，后一种情况叫做膜样痛经。有时经血中含有血块，也能引起小肚子痛。继发性痛经的原因，多数是疾病造成的，例如子宫内膜异位、盆腔炎、盆腔充血等。近年来发现，子宫内膜合成前列腺素增多时，也能引起痛经。

痛经严重困扰着女性正常的工作和生活，但是通过日常预防和治疗，就能减轻或消除痛经，使女性远离痛经困扰。

避免咖啡因和生冷油腻的食物

经期应避免食用咖啡、茶、可乐、巧克力等含咖啡因的食物，因为这类食物会使人神经紧张，增加焦虑和不安的情绪，加重经期不适。还要避免生冷油腻的食物，因生冷食品会刺激子宫、输卵管收缩，从而诱发或加重痛经。

保持温暖

经期御寒能力下降，受凉易引发疾病或痛经，多喝热水或在腹部放置热敷垫或热水瓶，可以保持身体温暖，加速血液循环，松弛充血的骨盆部位及痉挛，以减轻痛经的症状。

脚部按摩

在脚踝双边的凹陷处，有被认为和骨盆部位气路相通的指压点，用双手拇指轻轻捏按，并慢慢沿着跟腱向上按压，直到小腿部位，每侧按压数分钟，有减轻腹痛的作用。

服用维生素 B_6

维生素 B_6 有稳定情绪和缓解疼痛的效果，对经前紧张症有显著疗效，所以经前可以尝试服用维生素 B_6，剂量一般是一天 50～150 毫克，不可过量，否则可能会引发神经系统方面的疾病。或者多吃一些含有维生素 B_6 的食物，如核果类、豆类、香蕉和全麦食物等都是维生素 B_6 的较好来源。

补充矿物质

镁能使神经激素作用的活性物质维持在正常水平，而且在月经后期，镁元素能起到消除紧张心理、缓解压力的作用。而钾在神经冲动的传导、血液的凝固过程以及人体所有细胞的机能方面都有重要作用，能缓和情绪、抑制疼痛、防止感染，并减少经期失血。所以在月经前夕及期间，增加钾及镁的摄取量，能帮助缓解痛经。

不穿紧身内衣

月经期间应避免穿着紧身内衣，因为在穿脱内衣时会使盆腹腔压力突然变大，容易造成经血回流，而且长时间穿着会使经血流出不畅，出现经期腰腹疼痛的现象，甚至导致子宫内膜异位等妇科疾病。所以，经期应穿相对宽松且质地为纯棉的内衣，以减轻痛经。

腹部按摩

自月经之前一周开始，每天先用拇指点按肚脐、归来、气海、中极、关元、三阴交，各半分钟，再换作仰卧位用手按摩脐下腹部 3 分钟，再从肚脐向阴部前方高骨（即耻骨联合）推摩 30 分钟，直到月经结束 3 天以后，可有效缓解腹痛。

妇科检查

痛经分为原发性和继发性，原发性痛经是由于子宫内膜合成的前列腺素引起子宫剧烈收缩引起的。而继发性痛经是由于子宫内膜异位症、盆腔炎、子宫腺肌症、子宫肌瘤等妇科疾病或者在子宫内放置节育环引起的。所以，如果以前未曾发生痛经的女性出现痛经现象，应去医院检查确诊，确定痛经发生的原因之后，针对原因进行治疗。

保持心情放松

多数痛经的女性都会有对月经的恐惧，心情过分紧张也会加重经期腹痛的程度，有些特发性疼痛者在第一次分娩后约有 80% ~90% 痛经症状会消失。所以，痛经的女性在心理上应消除紧张情绪和对痛经的恐惧感，避免过度劳累，保持心情愉快，这样能够减轻痛经给身体带来的影响。

痛经的发生和缓解也与平时的一些小细节有关系，所以，女性在经期要特别注意：

1. 不经常捶腰

妇科专家指出，经期腰部酸胀是盆腔充血引起的，此时捶打腰部会导致盆腔更加充血，反而加剧酸胀感。另外，经期捶腰还不利于子宫内膜剥落后创面的修复愈合，导致流血增多，经期延长。

2. 不体检

经期除了不适宜做妇科检查和尿检，同样不适宜做血检和心电图等检查项目。因为此时受荷尔蒙分泌的影响，难以得到真实数据。

3. 不拨牙

恐怕很少有牙医在拨牙前，会询问你是否在经期，但你自己一定要知道，不能在经期拨牙！否则，不仅拨牙时出血量增多，拨牙后嘴里也会长时间留有血腥味，影响食欲，导致经期营养不良。

4. 不用沐浴液清洁阴部

经期间阴部容易产生异味，尤其在夏季，但在洗澡时顺便用沐浴液清洁阴部，或用热水反复清洗阴部是不够健康的，反而容易引发阴部感染，导致瘙痒病症。因为平日女性阴道内是略酸性环境，能抑制细菌生长，但行经期间阴道会偏碱性，对细菌的抵抗力降低，易受感染，如果不使用专业的阴道清洁液或用热水反复清洗更会导致碱性增加。因此，清洗阴部需要选择专业的阴部清洗液，尤其在经期。

5. 不饮酒

同样是受体内荷尔蒙分泌影响，经期女性体内的解酒酶减少，因此饮酒易醉。更严重的是，为了制造出分解酶来帮助分解酒精，肝脏负担明显加重，因此在这期间饮酒会对肝脏造成比平日严重的伤害，引发肝脏机能障碍的可能性增大。

6. 不 K 歌

经期女性，声带的毛细血管也充血，管壁变得较为脆弱。此时长时间或高声 K 歌，可能由于声带紧张并高速振动而导致声带毛细血管破裂，声音沙哑，甚至可能对声带造成永久性伤害，如嗓音变低或变粗等。专业医师特别提醒，女性从月经来潮前两天开始就应该注意不要长时间或高声唱歌。

7. 不适宜有性生活

月经期因子宫腔内膜剥落，表面形成创伤面，如果发生性生活，容易将细菌引入，使其逆行而上，进入子宫腔内，引起子宫内的感染。

8. 不适宜吃太咸

过咸的食物会使体内的盐分和水分贮留增多，在月经来前，很容易发生头痛、情绪激动和容易生气等症状。

9. 不适宜吃生冷的蔬菜水果和冰冷的饮料

过分生冷的食物会降低血液循环的速度，进而影响子宫的收缩及经血的排出，致经血排出不利，引起月经痛。

10. 不吃油炸食品

油炸食品也是经期女性的一大禁忌。因为受体内分泌的黄体酮影响，经期女性皮脂分泌增多，皮肤油腻，同时毛细管扩张，皮肤变得敏感。此时进食油炸食品，会增加肌肤负担，容易出现粉刺、痤疮、毛囊炎，还有黑眼圈。另外，由于经期脂肪和水的代谢减慢，此时吃油炸食品，脂肪还容易在体内囤积。

九　这样减，不会让你越减越肥

减肥似乎是女性永远不过时的话题，无论是处于花季的曼妙少女，还是成熟的知性美女，都对身材的塑造和保持上有自己独到的见解。而同时，各种各样的减肥方法也应运而生了，减肥茶、降脂茶、饮食减肥法、运动减肥法等等。但是我们都知道，任何事情都有两面性，有利必有弊，我们在成功地塑造出了一个完美身材的同时，很多问题也随之而来了，比如说贫血、身体虚弱、头晕、恶心。还比如说，好不容易见到自己想要的效果，却从此与某些心爱的食物绝缘了，有时候实在禁不住诱惑偷食一次，结果悲哀地发现，体重又反弹了，真是有点因小失大了。

在经历过这些“伤痛”之后，女性似乎在这个问题上变得小心翼翼，但是还总在留心着新的减肥花招。事实上，运动减肥法最有效果，而且反弹几率比较小，最重要的是，运动减肥法不仅会给你带来一个完美曼妙的身材，同时还会使你的体质越来越好，不会轻易生病。

不同的体型有不同的减肥方式：

瘦弱、脂肪少、肌肉力不强、体力不佳型

往往内脏器官也不太健康。运动时，应该先慢慢锻炼好基本体力，逐渐强化肌肉力量、持久力及身体柔软度，再进行重量训练，参加有氧运动、跳绳、游泳等动态运动。瘦弱型的人要特别注意饮食。应多摄取含丰富蛋白质的食物，以增进内脏机能，增强肌肉力，还要多摄取维生素类。

看起来瘦弱，但却有很多脂肪型

肌肉力量和内脏器官的功能往往不强，体力不好。这类人适合的运动是步行、爬楼梯、跳绳、游泳等能使脂肪燃烧的运动。饮食应该避免暴饮暴食，少吃甜食，少吃脂肪量高的食品，但要摄取高蛋白食品。

体重在标准范围内，其上臂部、臀部以及腹部到大腿的脂肪超过标准型

只要肌肉和关节没问题，可参加任何运动，如：打球、游泳、骑马等，有氧运动更好。但如果平时不是经常运动，就不能突然的剧烈运动。应该在做每项运动前，先做做热身运动和体操，强化肌肉力量。饮食上只需注意营养均衡、适度摄食、少吃夜宵，不过量摄取含脂肪多的食物即可。

身上各部分皮脂厚度太厚，体重过重，几乎没有肌肉，骨骼支撑能力弱型

日常生活中，爬几级楼梯就会“气喘如牛”。这类人应该多做有氧运动和多游泳，可以消耗脂肪。常做静态的伸展运动，以强化肌肉骨骼。还要提醒你的是由于肥胖者都有高血压倾向，请在运动前先量血压，并注意动作的正确性，但不要做过度激烈的运动，身体状况不好就要停止运动，不可操之过急。饮食上绝不能过度节食。一天可吃2000～3000千卡热量的食物，以保证营养均衡。不能急剧减少糖分，以免血糖下降，增加空腹感。

在减肥的时候，一定要坚持“因人而异”和“循序渐进”的原则，千万不能急功近利，同时，平时还应该养成这些良好的生活习惯：

1. 养成每日定时排便的习惯，这样能够让体内的毒素顺利排出。有时候毒素的累积，也正是体重迟迟不降的原因。

2. 远离油炸食物，尽量吃蒸或是水煮的食品。因为油腻的食物不仅含有N次方的超级热量，而且也是健康的头号杀手。

3. 千万不要一边看电视（看书）一边吃零食，因为这样会让人不知不

觉吃下三倍以上的食物。

4. 对于吃不下的美食，千万不要存有丢掉可惜的心态，别勉强自己硬吃下去。

5. 每天晚上九点后绝不进食。如果你一直有吃宵夜的习惯，尝试以水果、青菜或是高纤维饼干代替。记住一餐宵夜的热量储存等于你一天三餐的总和。

6. 请不要以吃东西来抗压，这样不仅不利于健康，对于瘦身也是一大阻碍。

7. 谢绝饮料，以白开水代替，因为不管糖分多么低的饮料，热量也是很可观的。

8. 养成定时做运动的习惯，但不要太过激烈，或许一些轻松的伸展操，比剧烈的运动容易坚持有效。

9. 请不要勉强自己断食，或不吃喜爱的甜品，减少次数和分量，才不会产生暴饮暴食的现象。

十　赶走小问题，还你无瑕肌肤

拥有一张完美无瑕的脸蛋几乎是每个女性的梦想，然而，色斑、黑头、毛孔粗大却硬是打破了这个梦境，给女性徒增了许多烦恼，用粉底遮也遮不住，激光治疗也不管用，有时候甚至还会出现副作用。

教你几个小偏方：

1. 祛除色斑的小偏方

每天吃一片维生素 C 和维生素 E，可以祛掉你的色斑。

用干净的茄子皮敷脸，一段时间后，小斑点就会越来越不明显了。

每天喝一杯西红柿汁或经常吃西红柿，对防治色斑也有很好的作用。

因为西红柿中含有丰富的谷胱甘肽，这个可抑制黑色素，从而使沉着的色素减退或消失。

洗脸时，在水中加一汤匙食醋，有减轻色素沉着的作用。

将柠檬榨汁，加糖水少许饮用。柠檬中含有大量的维生素 C，还有钙、磷、铁等很多微量元素，常饮柠檬汁不仅能减轻黑色素沉淀而起到祛斑作用，还能美白肌肤呢！

木瓜拌以牛奶，用搅拌机打碎后敷在面部，大约 20 分钟后清洗掉。经常使用，会有很不错的效果。

2. 祛除黑头的小偏方

盐加牛奶

取少许牛奶加盐，在盐处于半溶解状态下开始按摩面部，按摩半分钟后再用清水洗净。

提示：盐还没有完全溶解，所以按摩时一定要轻柔。按摩后皮肤会重新分泌干净的油脂保护皮肤，所以在洗完之后不要使用任何化妆品。

珍珠粉

将质量较好的内服珍珠粉用清水调成膏状，均匀地敷在脸上，然后用手在脸上进行按摩，动作要轻柔，直到珍珠粉变干为止，最后用清水将脸洗净就可以了。

蛋清

取鸡蛋一个，将蛋白与蛋黄分开，留用蛋白部分。将化妆棉撕成薄片，再将撕薄后的化妆棉浸入蛋白中，取出贴在鼻头上 15 分钟，等化妆棉干透后再慢慢撕下。

鸡蛋壳内膜

将鸡蛋壳内层的薄膜小心地揭下来，贴在鼻子上约 20 分钟，待干后撕下。

米饭

拿一小团米饭在鼻子上揉，米饭的黏力能把鼻子上的很多脏东西都带下来，10 分钟后用清水洗净就可以了。

3. 缩小毛孔的小偏方

冰敷：把冰过的化妆水用棉花沾湿，敷在毛孔粗大或是不干净的地方，有很不错的收敛效果。

毛巾冷敷：专门准备一条干净的专用小毛巾，平时放在冰箱里，每次洗完险后，用冰毛巾在脸上轻敷几秒钟。

用水果敷脸：西瓜皮、柠檬皮等都可以用来敷脸，这些水果皮有收敛柔软毛孔、抑制脸部油脂分泌和美白肌肤等多重功效。

柠檬汁洗脸：洗脸时在清水中滴入几滴柠檬汁，既可收敛毛孔，又能减少粉刺和面疱的产生，对油性肌肤的人有很好的效果。但是，要注意浓度不可太高，更不能将柠檬汁直接涂在脸上。

鸡蛋橄榄油紧肤：将一个鸡蛋打散，加入半个柠檬的汁和少许粗盐，搅拌均匀，再加少许橄榄油，混合均匀，储存在冰箱里。每周1—2次，取少许敷在脸上做面膜，能让肌肤紧实，紧缩粗大的毛孔，使皮肤光滑细致。

栗子皮紧肤：把栗子的内果皮捣成末状，与蜂蜜混匀充分搅拌，每天涂面部一次，能使面部毛孔缩小，皮肤紧致有弹性。

十一　远离辐射，别让电脑毁了你的健康

随着经济的飞速发展，电脑逐渐走入我们的生活，并渐渐的扮着很重要的角色，有些女性一天甚至有十几个小时都在电脑前度过，如果不注意采取一些保护措施，那么，它在给我们带来方便和利益的同时，也让我们深受其害。

1. 电脑边上放盆植物

最常用的是仙人掌，仙人掌生长在热带，对强光有很强的吸收作用，强光中有我们说的可见光和不可见光，而电脑和手机的电磁辐射也是不可

见光，很容易被吸收。

另外它的刺会发出负离子，中和正离子的有害作用。实际上放在电脑显示器附近的仙人掌的针刺上只能吸灰。不过，它确实喜欢这种辐射，在辐射源附近它生长得会很好，特别是在有阳光照耀的时候。

所以小的盆栽仙人掌同样可以吸收，只是量的问题，你可以多摆几盆。

另外，电脑辐射的最强地带是键盘，所以在键盘旁边放一盆比较适合。

2. 保证荧光屏清洁

每天开机前，用干净的细绒布把荧光屏擦一遍，减少上面的灰尘。

3. 隔离最重要

要学会使用隔离霜，薄薄的一层，就能够让肌肤与灰尘隔离。比如使用美白保湿隔离霜、防护乳。另外，用点具有透气功能的粉底，也能在肌肤与外界灰尘间筑起一道屏障，但不要用油性粉底。

还有，经常清洁也很重要，“静电吸尘”会让你的脸很脏。半天工作下来，一定要洗脸、洗手，按肤质选用不同系列的洁面乳清洗，让皮肤放松，下班后要及时洗澡。

4. 经常补水

电脑辐射会导致皮肤发干。身边放一瓶水剂产品，如滋养液、柔（爽）肤水、精华素等，经常给脸补补水。在自己的护肤用品中添加一些水分高的护肤霜和抗皱霜。用1:5比例的甘油和白醋涂搽皮肤，既能让肌肤变滑嫩，又能省钱。多喝水，既能补充肌肤水分流失，又能促进新陈代谢。

5. 每星期做一次深层清洁面膜和保湿面膜

对皮肤进行深层清洁和保湿。这有助于收缩变得越来越粗大的毛孔。最好按肤质使用个人专业护理品，同时注意配以正常的作息、饮食。不过，想要收缩变得粗大的毛孔，改善肤质，决非一朝一夕的事情，任何方法都必须长期持续使用才会显露出效果，三天打鱼，两天晒网是没有用的。

6. 经常喝绿茶

绿茶中的茶多酚具有很强的抗氧化作用。

7. 经常喝新鲜果汁和生菜汁

不经煮炒的鲜果汁和生菜汁是人体的“清洁剂”，能解除体内堆积毒素和废物。体内的毒素少了，皮肤也会光洁许多。

做好预防工作是防止电脑辐射的第一步，但同时我们还知道，有些食物也可以起到很好的预防和排毒作用，比如：

1. 富含胶原弹性物质的食品。这一类的代表有海带、紫菜、海参，动物的皮、骨髓等等，因为食物中的胶原物质有一种黏附作用，它可以把体内的辐射性物质黏附出来排出体外，而且其中动物皮肤所蕴涵的弹性物质还具有修复受损肌肤的功能。

2. 富含抗氧化活性物质的食品。油菜、青菜、芥菜、卷心菜、萝卜等十字花科蔬菜，不仅是人们餐桌上常见的可口菜肴，而且还具有防辐射损伤的功能。

3. 具有排毒功能的食物。比如猪血、黑木耳等等。猪血的血浆蛋白丰富，血浆蛋白经消化酶分解后，可与进入人体的粉尘、有害含辐射的金属微粒发生反应，变成难以溶解的新物质沉淀下来，然后排出体外。

4. 明目类食物。这一类食物主要是针对长时间面对电脑工作的都市白领、学生等人。计算机对视力危害很大，经常操作计算机的人应多吃些明目食品，如枸杞、菊花、决明子。常喝菊花茶也能收到清心明目的效果，枸杞清肝明目，对保护视力也有很大好处。饮茶能防止视力衰退和恢复视力。

十二　呵护双脚，让自己足下生辉

人的双脚有“人体第二颗心脏”的美誉，它在人体中扮演着非常重要的角色，甚至有些疾病的发生首先都是从脚部肿胀开始的。因此，保护好双脚显得至关重要。

你知道应该怎么护理你的双脚么?

脚的保养

首先用中性肥皂清洗，泡在肥皂水中约5分钟。脚趾头最好用品质良好的脚刷清洗，这比用锉刀尖去挖更能清除指甲内的污垢，也不会伤害肌肤。然后检视脚板侧和脚底，如发现有表皮特别粗糙的部位，应用轻石或锉刀轻轻摩擦，以防长鸡眼或茧子。千万不要用刀片刮，那样很容易割伤并造成感染。洗完后彻底擦干，再用保养霜或乳液按摩。脚底常出汗的话，再撒点痱子粉或滑石粉。最后修剪脚趾甲时应保持平直，不要沿着指甲的弧线剪除，以免脚趾甲嵌近肉里，引起疼痛。

双足多汗的护理

双足多汗的人，每天至少要换2双袜子。而且早晚用肥皂和温水洗脚，温水洗后，需在冷水中浸一会儿。洗净后用毛巾把脚彻底擦干，涂上甲醇酒精或防臭喷雾剂，再扑些爽身粉，即可减轻出汗过多的毛病。

足部皮肤的保养

首先烧壶开水，然后接小半盆凉水，把烧开的开水倒进洗脚盆里，水温略微烫手即可，往温水里放大约5个干辣椒，掰碎了泡进水里，端进客厅里，把开水壶放在旁边备用，把脚泡在温水里，一边泡一边看电视也是一个不错的选择！不过这时要注意水温，如果感到水温有点凉的话就往盆里倒点开水。这个美脚方法就是让脚泡在40摄氏度的温水里泡大约30分钟左右，干辣椒能让脚部迅速发热，燃烧腿部脂肪，加速血液循环，看看，刚泡了一会儿就出汗了，30分钟后把脚从温水中取出来，把脚上的辣椒水擦干净了，拿来冬天穿的保暖拖鞋，再捂一个小时后，揉一揉，这个时候，你会发现，足部的皮肤柔软多了！

脚部保养禁忌

1）忌穿小鞋子

经常穿小鞋不仅可能使脚部变畸形，还会在脚后跟或脚掌处磨出硬皮，即使以后穿普通鞋也会有压痛感。时间长了还可能形成“鸡眼”，甚至导致脚趾或足底皮肤变形。

2）忌对脚部干燥不做处理

尤其是秋冬季节，脚底皮肤容易干燥脱皮和龟裂。如果不做处理，脚部皮肤会进一步恶化，导致鸡眼或趾间皮肤变白，感染化脓。因此，切不可小视脚部皮肤干燥。

3）忌不穿袜子

春夏季节，因水土或其他原因，很容易生出又痒又痛的足癣，轻者脱皮，重者化脓发痒。如果不穿袜子，不仅可能导致皮肤溃烂，还有可能将霉菌传染到身体其他部位。

4）忌不注意脚部按摩

女士们应对于夏天穿凉鞋留的鞋印引起重视，若不注意，不仅有损于脚面皮肤的洁白细润，甚至会产生皮肤过敏等不良现象。为此，可适当按摩或揉搓双腿和双足，以保持脚部正常。

简单的足部保健操

1）在室内来回走1~2趟后，用足跟站立，将身体重心逐渐移至足尖，重复3~5次。

2）在室内来回走1~2趟后，以足尖站立，将身体重心逐渐移至足跟，再让足尖做旋转运动，重复3~5次。

3）提起左足划圈，先逆时针，然后顺时针，各划3~4圈。再提起右足划圈，先顺时针，后逆时针，再划3~4圈。

4）在室内赤足来回走几趟，先用足底外侧走，然后用内侧走。

5）用足尖站立6次，每次用一只脚。

6）试转动每一个足趾，每次一个足趾运动5次。

7）试用足趾抓起地上的小弹球或夹起铅笔。

8）用足钩住椅子横木多次。此法练习脚踝的力量。

十三　这些习惯，让你青春永驻

不愿被岁月在容颜和心态上打上印痕是每个女人梦寐以求的，其实这不是遥不可及的梦想，如果你能从生活中的一些小习惯做起，那么，你就可以青春常驻。

保持积极乐观的心态。

快乐是年轻的源泉，以积极乐观的态度面对生活，不仅可以使你保持一份年轻的心态，还有助于建立和维护工作生活中的人际关系。而发自内心的笑，更能够促进机体功能的相对平衡，有振奋精神、益智安神、减缓衰老的作用。

学会释放压力。

紧张和压力会产生一种破坏免疫系统功能的有毒物质，减弱我们抵抗疾病的能力。如果长期不能缓解，还会导致高血压和心血管疾病，并出现早衰现象。因此，当遇到压力和烦恼的时候，一定要找个适合自己的方式来宣泄一下，达到内心的平衡状态。

一定要有充足的睡眠。

每天7小时优质的睡眠，能让身体自然产生出更多的成长荷尔蒙，而成长荷尔蒙是抗老化最重要的化学成分。而且，睡眠的规律性也非常重要。最好保证在午夜12点以前进入梦乡。因为，从午夜12时起就是第二天的开始，睡得太晚，不仅会阻碍身体的自我修复，还透支了第二天的休息时间，长此下去，会加快精力的消耗，也就加速了衰老的进程。

学会控制你的体重。

一定要学会将自己的体重控制在一个正常的范围之内。因为肥胖会使免疫系统功能减退，加速身体细胞的老化，还容易诱发糖尿病、高血压等慢性病。

保持每天的运动时间。

如果每天保持运动，哪怕只有10分钟，很多身体的衰老现象都会有明显改善。因为适量的运动，不仅可以使人精力充沛，还能有效地提高新陈代谢的速度，防止脂肪堆积。另外，在运动时排汗的过程中，大量沉积的毒素从体内排出，可减少自由基，延缓衰老。

积极参加户外活动。

大部分的上班族每天都穿梭在家与办公室之间，而长期生活在这些氧气不足的环境里，只会使自由基越来越活跃。适量的户外活动，能够增加人的肺活量，促进新陈代谢和血液循环，增强抗病能力，同时可以减轻压力，充满活力。

告别“二郎腿”。

女性朋友都喜欢跷二郎腿，因为这个姿势不仅坐着舒服，而且看起来还很美观，但是据某权威机构的研究证明，长期跷二郎腿会造成腰椎与胸椎压力的分布不均，压迫神经，引起骨骼变形、弯腰驼背，而且还会妨碍腿部血液循环，影响正常的新陈代谢活动，使人易产生疲惫感，造成身体尤其是皮肤与骨骼的早衰。

饮食要定时定量。

过量的饮食会增加消化器官的负担，损害皮肤，导致脑早衰。最好的抵抗衰老的途径之一就是每餐只吃七分饱。有规律的进餐也非常重要。因为在每天定时进餐的情况下，人体会自然产生胃结肠反射现象，若不定时，长此以往，可能造成胃结肠反射作用失调，产生便秘，使毒素不能有效排除，这会给自由基的存在创造条件，引起机体的衰老。

早餐必不可少。

常常被大家忽略的早餐，其实是每天最重要的一餐。因为丰富的早餐可以为身体提供所需的能量，让我们一整天都精力充沛。健康的早餐应以奶制品、高纤维的麦片及水果为主，尽量减少食有大量油脂的食品。

多吃素食。

素食不仅脂肪含量低，易于消化，而且具有丰富的植物蛋白质，能够阻止细胞的老化。其中，各种粗粮中的纤维素，能刺激肠蠕动，帮助排毒。而新鲜蔬果中富含的维生素，也是很好的抗氧化剂。

每天一杯牛奶。

牛奶中除含有大量的蛋白质外，还包括很多的维生素和矿物质。其中，钙能够坚固骨骼和牙齿，增强体质；锌和卵磷脂会大大提高大脑的工作效率；镁可使心脏和神经系统更加耐疲劳；铁、铜和维生素 A 有美容作用，使皮肤保持光滑，人体保持丰满；维生素 B2 可提高视力，同时可防止动脉硬化。这些抗氧化剂可以消灭自由基对人体的破坏作用，具有很好的抗衰老功效。

多喝新鲜果汁补充维生素 C。

自由基的破坏活动会直接导致人体衰老。水果中含有的维生素 C，能有效遏止自由基，延缓身体老化。其中，猕猴桃汁有维生素 C 之王的美誉，是一款防衰珍品。

远离含铅的食物和化妆品。

像松花蛋这类含铅量过多的食物不宜多吃。因为这类食物进入人体内容易形成自由基，还会造成神经传导阻碍，引起记忆力衰退。而含铅的化妆品将会直接伤害到皮肤，导致面色灰暗，过早衰老。

抵御紫外线的侵害。

无论晴天还是阴天，每天都要用好防晒霜或隔离霜。进行户外活动时，要在出门前 30 分钟涂抹防晒霜，因为过多的日照不仅会给肌肤带来皱纹、色斑和干燥，还会对细胞有很强的破坏作用，并增加患皮肤癌的机率。而防晒霜可以减少阳光对皮肤的危害。当然，遮阳帽和太阳镜也是抵挡紫外线不可缺少的装备。

坚持定期的美容院面部护理。

定期的美容院面部护理，能通过专业到位的按摩手法，提升面部肌肤，对抗地心吸引力，延缓面部肌肤的衰老。同时，可以进行深层清洁和营养补给，促进面部血液循环，增加肌肤的弹性和光润度，这是居家护理无法替代的环节。

坚持早晚用好护肤品。

早晚用好护肤品，可以给肌肤保证 24 小时不间断的水分和养分供给，是面部的基础护理。个人根据自己的肤龄适时的加入精华素，能更有效的抗衰。同时，重视眼部和颈部的护理，针对各部分肤质的差异性，使用具有针对性的专业的眼部和颈部产品。除了定期的美容院护理，在家中仍要适量的自行护理，包括按摩和敷面膜等。

第十章　成就：

从“默默无闻”到“一鸣惊人”的转身

一　修炼自我，做个高情商女人

情商的高低不一，使得人们日常生活行事的态度和行为方式很不相同，高情商女人往往有着巧妙的处事方式，从而使她更容易成功。

1. 行动才是真理

有些女人做事总要等到自己情绪良好再说，但一些聪明的女人却不会这么做，她们总是先干起来再说。

这就好像写东西一样，你要幻想自己一开始就写得很“精彩”，起码在头脑中，在还没有写到纸上之前是这样。你要是先把它写下来，然后，你就能有一个明确的东西，可供你去改写、去修正、去提高。

在那些你想有所改变或有所创新的领域中，干起来是取得成功的关键。一个成功的女人大都有这样的特征：她们不管情绪如何，总是坚持正常工作，她们努力培养“坐下来”的努力，使自己置身于一个最可能取得成功的环境之中；她们只要有一个不完备的计划、一个粗糙的想法、一个念头、一个草案，她们就着手去干，然后不断加以改进。真正重要的是，她们懂得假如不去尝试，就永远实现不了自己的目标。

2. 坚持就是胜利

目标是一点一点、一步一步达到的，因为学习是缓慢进展的。而进步需要时间，有时甚至需要花成年累月的时间，成功女人明白这一点。当她们为成功而奋斗时，她们一步一步前进，给自己以尝试与失败的机会，她们的经历都非常相似，她们懂得即刻满足是不现实的，而要动手干起来，她们及早动手并且坚持下去。

对你来说，重要的是要明白，那些身居“高位”的女人们，通常都是从“底层”干起来的！她们努力工作，慢慢地升上来，边干边学，发现失误，并掌握自己的专长。她们的一生，很像是往银行里一分一分地存钱，随着在知识和经验方面的日益富有，她们就成了学识广博的人。

3. 全身心地努力

成功女人之所以成功，是因为她们能致力于力所能及的或经过拼搏才能胜任的工作，积极地与著名的成功者相比较，把他们当成楷模……她们靠着起早贪黑、反复努力、坚持不懈去战胜哪怕是最严重的困难，在别人说她不具备条件时，也绝不放弃希望和努力，相信只有行动才能把人生引向成功，即使有点灰心，也绝不后退，认为除了干下去，别无选择。

这些女人是创造者，是社会生活的推动者。她们懂得正是工作才把人生的罗盘拨向成功的一面。

她们想要把事情办成，并坚持努力不懈，专心致力于那些有可能完成的事情，对自己面临的每一个挑战，都全力以赴。

4. 不做无谓之争

高情商者以赞扬和感激来回报别人的帮助，给人以大量的积极肯定，如微笑、赞扬和爱抚等等。经常保持这种高涨的积极态度，而极少说消极的话；她们致力于维护互相关心的友好气氛；在争论中她们承担起责任而减少冲突，很快地改变别人的戒备态度，去投入眼下的工作；她们真诚地肯定对方并且说："请告诉我你的观点。"然后注意倾听，不去争论或辩解。

对任何信息的提供、合作或帮助，即便是只和自己的目的贴一点边儿，都真心诚意也给予回报，以使下一次得到更贴近自己目标的帮助。她们大量使用真诚的肯定来表示承认别人所作出的贡献。对于别人的全部努力和成就都给予回报，以此鼓励人们更多地参与和做出成绩。

理解别人发火可能是由于内心的恐惧，而平心静气和对方商讨问题，同时纠正针对自己的消极评论。

5、笑对逆境

当遇到困难时，当怀疑自己的处理能力时，当不得不去应付一位你最不愿与之打交道的客户时，你如果感到恐惧和忧虑是正常的。成功者比正常人要接受更多新的挑战，感受的也就更多。成功者往往能不为困境所惑，集中精力干好自己的事，她们把忧虑化为前进的动力。

你也可以学会如何化忧虑为动力，去点燃那载你驶向目标的火箭。反过来，自我怀疑和无以为力的感觉会削弱你的精力和应变本领。有很多例子可以说明这一点，失败的女人是如何对困难感到害怕，以致采用各种自我毁灭的方法来麻醉自己，从而摧毁了自己的力量。

那些成功的女人在试图解决问题和学习新的技能时，也常常感到胆怯，但她们能把忧虑转化为动力，自己去争取实现目标的力量，在紧急情况下，能焕发出惊人的潜力。她们的恐惧和忧虑成了力量的源泉，使她们能完成那些似乎根本不可能完成的任务。

她们承认自己对于困难所感到的忧虑，并使自己适应那随之而来的不舒服的感觉和生理症状，总是今天就动手去完成那件令人焦虑的工作，而不是明日复明日。当面临艰难紧迫的任务而又感到身上疼痛和精神苦恼时，仍然坚持干下去，不变更自己的日程安排，也不以身上的症状为借口去逃避工作或博得同情。当身陷困境时，就变得更加斗志昂扬。总是坚持工作到找出一个可行的解决办法来。

二　活出精彩，为自己的命运负责

每个女人都要为自己的命运负责。要为自己而活，活出生命中的灿烂和精彩，女人的生命会因此而美丽、芬芳。

一个独立的女性不再依赖任何人，也不再是男人的附庸，她们有自己的精神主张，有自己的经济基础，懂得照顾别人，也知道怎么爱护自己，她们宽宏大度，会原谅别人对她的伤害，但也会捍卫自己的尊严。独立的女性是生活上的强者，也是精神上的巨人。

独立的女人是永不凋谢的花，也是永不倒地的树，只有完全独立的女性才能完全成就自己自强、自尊、自爱的幸福人生。

1. 不要期望别人改变你的生活

勇敢改变自己的女人是成熟的、勇敢的、睿智的，她们不把改变生活的愿望寄托在别人的身上，而是勇于迎接生活的挑战，承担生活的责任。所以她们从来不会怨天尤人、自怜自艾，这样的女人，必定会拥有精彩的、美丽的人生。

2. 自信是女人一生最珍贵的财富

自信是女人一生最珍贵的财富，即使她长相平平，身材一般，但是，你只要拥有足够的自信，仍然会焕发出迷人的光彩，仍然会折服身边的每一个人。所以，不管你今天是二十岁，还是三十岁、四十岁、五十岁，请昂起自信的头颅，让自信的微笑时常挂在嘴角，活出自己自信的风采。

3. 自尊是女人灵魂的灯塔

自尊，是作为一个女性能在这个纷繁复杂、尔虞我诈、物欲横流的花花世界里，不卑不亢、不依附于男人而有尊严地活着的精神动力。自尊是女人灵魂的灯塔。有了这个灯塔的照亮，才能在面对这个世界粗暴侵害的时候，保持一份坚定的力量。也因为有了这个灯塔的照亮，女人才能赢得别人真正的爱和尊重，生命才从此高贵而不再卑微。

4. 做一个智慧的女人

智慧对于女人而言，是没有阶层高低、贫富贵贱、城市农村之分的。她们共同有着善良美好的心灵，她们善于平衡自己的心理，她们有一种处乱不惊、以不变应万变的心态，她们有较强的领悟力，大至人生命运、小至日常生活，悟性使她们对大小问题懂得如何把握分寸，能够明智地抉择。

5. 在不幸中学会坚强

有人说，苦难是一架梯子，对于强者来说，它通向成功的殿堂，对于弱者来说，它则通向黑暗的地狱。我认为，任何一个女子，只要足够坚强，飞过苦难的天空，就会蜕变成美丽的蝶。

6. 做一个感性与理性兼有的丰富女人

感性的女人善于经营家庭，理性的女人适于经营事业。总之，理性的女人是聪明而睿智的，感性的女人是可爱而温顺的，若能将理性与感性融于一生，互相弥补，在拥有一个冷静而智慧的头脑的同时，再兼具一份女人的天真和妩媚，做个完美女人，岂不更妙。

完善的性格犹如女人身上的一块宝玉，它足以让你光芒四射、美丽无比。但是，要想这块宝玉照耀你的一生，是离不开你的经营和修补的。聪明的女性，就会在日积月累、世事变幻中，不断地经营和修补着自己的性格，让自己的性格日益完善。在这种性格不断地完善中，命运也因此而日益美好。

三　六种素质，让你距成功只有一步之遥

一、心理素质

首先做到心中有希望，我就是最好的，我是能够成功的。如果心中怕做“强人”，女人注定就是弱者。一般说来，成功女人都有这些心理素质：一是有梦想有追求；二是做事专心致志；三是待人处事有分寸；四是对自己的行为负责；五是敢于做决定；六是勇于承担责任；七是自立自强；八是具备专门知识与才能；九是开朗乐观；十是热情又热忱。除此之外，要做成功的新女性，还要经常进行心理调整——自信、宽容、坚毅、独立、活力、进步、平衡、幽默、追求、酷，是每天必须锻炼学习的必修课。

二、个性素质

必须克服逍遥消费型、缩手缩脚型、妄自尊大型、传统保守型、光说不练型、忠守职业型、追求时髦型、拜金主义型、自我表现型、听天由命型等一些性格弱点。做个由内而外散发文化气质的贵气女人，塑造自己成功的人格。一般说来，这样四类性格素质的女人容易成功：一是活泼型，二是完美型，三是力量型，四是和平型。我们可以跟活泼型的女人玩得开心，她们总是流露出对生活的积极态度；我们也可以严肃地跟完美型的女

人相处，她们的眼里揉不进一粒沙子；我们也能够和身为领导的力量型女人一起冲锋，当然还可以与知足常乐的和平型女人无拘无束地一起放松。

三、情商素质

一般女人，战胜孤独，逃离沮丧，突破低情商的障碍以后，就可能成为高情商的女人。

这些低情商障碍是：

1. 靠心情好坏来做事；

2. 急于求成，急功近利；

3. 对自己对别人冷酷无情；

4. 成功仅仅靠运气；

5. 不识诚实真面目；

6. 脆弱的自尊心；

7. 永远的后退者。

而高情商的女人可能并不是人群中最聪明的，但都是热忱而顽强的女人。对于成功而言，并不一定要有很高的智商，问题也不在于天资，更在于情商。成功女人之所以成功，是因为她们能致力于力所能及的或经过拼搏才能胜任的工作，积极地与著名的成功者相比较，把她们当成楷模。比如王思懿在演艺事业取得巨大成功以前，却遭遇过理想破灭的巨大打击。她今天能够取得演艺事业的成功，关键的原因就在于她能够面对失败，从不丧气、灰心，而是以积极开朗的情绪去寻找新的生活。

四、品位素质

说到女性的个人魅力，不外乎这样几种：

羞涩的女人具有诱惑力。比如“犹抱琵琶半遮面”、“插柳不让春知道”的神韵特别能够刺激人的丰富想象力，甚至使人着魔入迷，如醉如痴。羞涩的魅力同时也闪耀着谦卑的光辉，是一种道德和审美的反射。它能够唤醒两性关系中的精神因素，从而减弱了纯粹的生理作用。

优雅别致的女人有格调。在日常生活中，我们往往会发现一位具有优雅风度的女人，必然富于迷人的持久的魅力。这也就是聪明的女人能够从镜子里走出来，不为世俗的偏见所束缚，不是盲目摹仿别人的所谓风度

之美。

柔情似水的女人别有情调。特别表现在女性向男性进攻的时候，温柔常常是最有效的常规武器。

泼辣的女人具有野性美。虽然有些人对泼辣持有异议，认为泼辣与蛮不讲理、刁钻古怪差不多。实际上泼辣与温柔并非水火不相容，泼辣的女人往往对亲人对朋友对恋人柔情似水。当然，有时候，泼辣也可以与能干划等号，这样的女人更是吸引人。

爱笑的女人具有美的爆炸力。由于生活中不能没有笑声，如果一个女人走到哪就把笑声带到哪，必然能够给人们带来欢乐，受到人们的喜爱。对于自己来说，不仅有益健康，而且也会成为事业成功的巨大动力。

内秀的女人与书为伴。许多成功女人在回顾自己的成长历程时，常常将人生一些最真诚最辉煌的瞬间与一本或者几本好书连在一起。这就是一本好书能够给人最初的人生启蒙，甚至影响终身的作用。

五、直觉素质

应该说女人的直觉十分准确，有位女士在一家享有盛名的公司里任职，当时人们都看好这家公司，但这位女士有天突然对人说，3 个月后这家公司会倒闭。当时谁也不相信她的“无稽之谈”。但在 3 个月以后，她的预言果真变成了现实。她说出这个预言的时候，并非得到了什么小道消息，也没有对公司进行什么分析，而仅仅是凭自己突然的感觉而已。据美国科学家对全球 13 位顶峰级成功女人的研究表明，女人的直觉往往能够带来比理性判断更准确的结论。因为理性判断会被有意识的言语、行为以及感情之外一时的利弊权衡所影响，而直觉却更能注意到一个人无意间暴露出来的内在信息或内心深处的想法。因此说，培养和运用直觉就能够使女人获得成功。而一个具有直觉的女人，也就要时时注意去观察你的生活和事业中发生的多种现象，并勤于运用直觉去判断它们的本质和结局，而且在事实中加以检查看你的直觉正确与否。如此不断进行训练，随着经验的增长，你的直觉运用起来也就更加得心应手了。

六、才学素质

对于广大女性朋友来说，了解女性适合的知识领域和女性行业是构建自身知识结构的出发点。根据许多成功女性的经历，我们可以总结出适合女性的行业和知识领域主要有旅游服务业、教育培训业、新闻出版业、广告宣传业、影视演艺业、金融投资业、文化艺术业等。显然，要做一位成功的知识女性，尤其是在上述领域获得发展，必须要读很多的书。那就是工作与学习之间的界限消失，成才不必去正规学院，建立学习型组织和学习新概念，都是当代女人积累才学素质必不可少的手段。

四 注重细节，把每件小事当成大事来做

其实，成功的人并没有什么特异功能，他们只是比普通的人多注重了一些细节而已。在他们的人生字典里，从来都没有小事，他们会力图把每一件事情做到完美。作为普通人，我们更应该如此，因为细节决定命运。

一屋不扫何以扫天下，说的就是这样一个道理。我们很多人不是不具备干好事情的条件，也不是缺乏干好事情的才能，而是缺乏干小事的精神，缺乏干好小事的认真态度。往往因为这是“小事”而不屑于去做，或者去做了却没有因为给予足够的重视而没有做好，甚至出现重大纰漏。小事都做不好，大事又如何能够尽善尽美。

把每件事情都当成大事来做，给予足够的重视，坚持不懈地做下去，在这种长期的、潜移默化的磨砺中，树立锲而不舍的精神，打造严谨细致的作风，修炼泰然处之的涵养，筑牢永不言败的信心和决心，这种在小事中磨砺出来的潜在的素养就是我们成功的基石，当我们再去做大事的时候，成功的机率就大了许多。

从一件件的小事里往往更能够看出一个人行事的风格、为人的本质。要想成功，就要做好每一件小事，把小事当做大事来做、来对待。谁轻视小事，成功就会与谁擦肩而过。世上无难事，只要肯登攀。美国成功学家格兰特纳说："如果你有自己系鞋带的能力，你就有上天摘星的机会！"让我们改变工作态度，认真对待每一件事，把寻找消极颓废的借口的时间和精力用到专心工作、经营事业上来吧。集腋成裘，水滴石穿。每一个成功都不是偶然的，正是成功者对小事情的处理方式，已经昭示了成功的必然。

要想让细节改变你的命运，首先要从思想上重视小事。作为普通人，我们大量的时间都是在做一些小事。但太多的人总不太重视小事和细节，致使连小事也做不好、做不到位。殊不知，能把自己所在岗位的每一件事都做成功、做到位，几十年如一日不出任何纰漏，绝对很不简单、不平凡。重视小事，就是要注重细节，从点滴小事做起，把每一件简单的事做好，把每一件平凡的事做好。

其次，要用心去做每件小事。大事也是由若干小事构成，小事的成败决定着大事的成败。如果不注重每一个细节，不做好每一件小事，也就做不成大事。古往今来的无数事实告诉我们，要做好一项工作，必须把每一件小事都当成大事来做，把每一个细节都当成事关全局的大问题来对待，只有这样，夯实基础，积小胜为大胜，才能最终干成大事。

最后，要把做好小事当成习惯。做好小事是一种习惯、一种修养，也是一种眼光、一种智慧。一个人只有养成和保持做好小事的习惯，才能注意到问题的细节，把大事做得更完美，从而达到预期的工作目标。

有些事情当你做了之后你才知道结果是什么，你不去做你永远都不会知道答案。行动才有收获，不做永远都没有收获。不断地去做，不断地去行动，一步步地走下去，你会发现幸福的所在。有一个好的过程，才会有好的结果。走的路不一样，结果也不一样，把每一天都当作生命中的最后一天，不断地去打磨自己，把小事当成大事来做，做大事要胆大，静下心来做事，没有做不成的。如果你想要，你就一定会得到；如果你想成，你就一定会成；如果你想赢，你就一定会赢。不要给自己设限，总是去抱怨，总说自己做不好，其实你仔细想想，你真的做不好、真的做不到吗？肯定不是的，你一定可以做好的。赢在行动，用心的去做每一件事，把你的快乐带给别人，只要你用心，你一定会成为超级大赢家。

五 面对压力，激发你的潜能

一位动物学家在考察非洲奥兰治河两岸的动物时，注意到河东岸和河西岸的羚羊大不一样，前者繁殖能力比后者更强，而且前者奔跑的速度每分钟比后者要快13米。他感到十分奇怪，既然环境和食物都相同，何以差别如此之大？

为了能解开其中的奥妙，动物学家和当地动物保护协会进行了一项实验：在两岸分别捉10只羚羊送到对岸生活。

结果，送到西岸的羚羊发展到14只，而送到东岸的羚羊只剩下了3只，另外7只被狮吃掉了。谜底终于被揭开，原来东岸的羚羊之所以身体强健，只因为它们附近居住着一个狮群，促使羚羊天天处在一个“竞争氛围”中。为了生存下去，它们变得越来越有“战斗力”。而西岸的羚羊长得弱不禁风，恰恰就是因为缺少天敌，没有生存压力。

发生在动物界的故事，也给我们提了一个醒：生活在安逸中的人会逐渐丧失战斗力，生活在竞争者中的人却能发挥出超常的潜能。

竞争可以激励我们内心中的不安分，融入一个竞争的氛围，可以激发我们的雄心壮志，它督促我们去实现目标，帮助我们抵制那些足以毁灭我们前途的诱惑。

一辆汽车眼看着要翻倒，而旁边一个小男孩正在专心致志地搭积木。这惊心动魄的一幕被小男孩的母亲看在眼里，这位母亲一个健步冲到小汽车旁，那速度简直连短跑健将刘易斯也难以企及，她用双手、肩膀托住汽车本身。奇迹发生了，这样一个背着40斤白面就会气喘吁吁的女人竟托住了庞大的汽车，而她的孩子此刻才意识到危险。

事实证明，人人都蕴藏着无穷无尽的能量，从人的神经系统的特点来看，每个人的潜力几乎是无尽的。伟人与平凡人的区别在于，伟人及时、充分发现了自己可供开掘的价值层面，并殚精竭虑地使之完全兑现，被人认可；平凡人则没有发现自身蕴藏丰富的宝藏，总是怨天尤人，结果一事无成。

美国心理学家詹姆斯·威廉经过研究得出结论：普通人只用了能力的极小部分，与我们应该成功的人相比，我们只苏醒了一半，所以，任何一个正常的人都有无可估量的潜力。美国哲学家爱默生也作出过相似的论断：蕴藏于人身上的潜力是无尽的。他能胜任什么事情，别人无法知晓，若不动手尝试，他对自己的这种能力就一直蒙昧不察。他为此呐喊道："一个人应当更多地发现和观察自己心灵深处那一闪即逝的火花，不只限于仰视诗人、圣者领空里的当芒。"

那么，不满足于现状的女性，要如何去发掘自己的潜能呢？

第一，要树立自信。信心的力量，虽然是看不见摸不着的，但是，它对你心理的影响却是巨大的，有时会让你创造出奇迹来，所以爱默生曾说过："自信是成功的第一秘诀。"自信可以激发出人体超乎寻常的潜能，这种潜能一旦被激发出来，它将使人得到意外的收获，甚至会出现奇迹。

第二，积极的暗示，引导潜能发挥的动机行为。挖掘潜能的另一有效途径就是给自己积极的心理暗示。暗示会产生强烈的心理定势和心理反应，并引导潜在动机产生行为。所以积极的暗示是信心产生的源由，从而使人的潜能得到充分发挥。积极的暗示为人的心理带来积极的影响，消极的暗示只能成为绊脚石。

第三，给自己找个竞争对手。每个女性都不愿意活在别人后面，都想做生活的强者，那么，不妨给自己找个竞争对手，在通过和她的较量中，你会发现自己的内心还有无穷的能量，去做更多你原来都不敢想像的事。找个竞争对手，帮你"唤醒"潜能，你会看到另一个不一样的你。

当然，在发掘潜能的过程中，最重要的是坚持，要相信自己，要敢于挑战，这样，你才能给自己永远成功的动力，你才能凌驾于生活之上。

六 独立自主，做独一无二的你

从众心理又叫做“羊群效应”。在一群羊的面前横放上一根粗大的棍子，第一只羊奋勇跳了过去，第二只也跟了过去，第三只、第四只、第五只……这时候，你把棍子悄悄撤走，但是，后面的羊走到这里，依然会像前面跳过去的羊一样奋勇地向上一跃，虽然棍子根本不在那里。这就是“从众心理”——各种各样信息泛滥的经济时代，人们很容易产生的盲目从众行为。

有从众心理的人，一般都没有足够的信息量，没有独立意识，很多时候，都会在无形中把决策权交给别人。

小柳是家里娇生惯养的独生女，聪明、漂亮、有能力，但就是有时候没主见，从小到大，几乎所有稍微重要点儿的事都要征求父母的意见，不然，她一直有种惶惶不安的感觉。

大学毕业后，她想应聘一家外企，投了简历后没多久，对方就通知她来公司面试。那天，一起参加面试的还有四个男生，虽然主考官对小柳的印象很好，但还是决定录用其中的一个男生。

不过主考官有意让小柳到公司的另外一个岗位任职，于是，他单独对小柳说了自己的想法。这时小柳一下慌了，她喜欢那个职业，但是那又不是她的特长，于是她对主考官说：“我想回家征求一下我父母的意见，晚点再给您答复好吗?”主考官愣了一下，微笑着对她说：“好吧。希望你能早点长大。”

结果可想而知，小柳与这家外企失之交臂了。

一个思想行为不能独立的人，要想在这个竞争力日益激烈几近白热化的时代生存下去，根本就是一件可能性很小的事情，也许你有的是能力，但是，你没有主见，你的才能得不到施展，别人看不到你的长处，反而会因为你的不成熟而开始不信任你，试想一下，一个连最基本的判断力都没有的人，谁还敢把任务交给她去做?

一家银行招聘职员，待遇优厚，应聘者有300多人，可惜只有一个名额，经过笔试以后还剩8个应聘者。

面试那天，这几个人忐忑不安地坐在走廊的椅子上，表情都很紧张。时间过得很快，前三个人都满脸沮丧地走出了办公室，后面的人心中暗喜：看来我还有点希望。第四个进去的是一个胖子，他在里面待了很久，然后满脸幸福地拿着合同走了出来。“哈哈，太棒了！我太兴奋了，终于签合同了!”

见此情景，在一声又一声的叹息声中，剩下的四个人中有三个男生都纷纷离去，唯独剩下一个女生还站在那里。

“你怎么还不走？还在等什么?”胖子一脸不屑，斜着眼看着她。女孩很生气地说：“他们怎么可以这样！后面的人都没有面试就录取你，太不公平了，谁又能证明你就是最优秀、最合适的人选呢?”

听完女孩的这番话，胖子笑了。他将手中的合同递给这位唯一没走的应聘者：“你先看看合同。”女孩接过合同一看竟然是一张白纸。

“我就是这次面试的主考。”胖子认真地说，“我们需要的就是有独立判断能力的人，而不是看见别人走自己也走的人。其实这次我们的名额不止一个，通过笔试的都是非常优秀的人才，原打算只要不走的我们都要，可惜只剩下你一个了。恭喜你，明天来上班吧!”

要时刻相信，你始终都是最独一无二的，不要让别人的光芒掩盖了你，要知道，任何看起来比你更优秀的人的决策未必都正确。遇事一定要有自己独立的见解，一定要独立的思考，不要盲目跟风，更不要把决定的权力交给别人。

当然，这里的独立不是让你做“独行侠”，别人的意见固然重要，有很高的参考价值，但是，真正做主的人永远只能是你。

七　摆正心态，用积极乐观的态度生活

一位哲人说："你的心态就是你真正的主人。"

很多心理学专家经研究发现，人们幸福生活的秘密就是拥有积极心态。

积极心态是无论在什么情况下都应具备的正确心态。这种心态是由很多正面的性格因素所构成的，诸如信心、希望、乐观、勇气、进取心、慷慨、耐性、机智、亲切以及丰富的知识等。

积极心态是具有吸引力的个性，它影响着一个人说话时的语气、姿势和面部表情，它会修饰你说的每一句话，并且决定你的情绪感受，还会对你的思想产生影响。

拥有积极心态的女孩，一举一动，一笑一颦都会散发出一种难以用语言表达的魅力，这种魅力像晕圈一样一环接一环地向四周扩散着，增强你的影响力。

美国一个小镇上有个女孩，她是一个私生女，妈妈只给她取了小名，叫莉丽。

莉丽渐渐长大之后，很多人都对她投来歧视的目光，小伙伴们都不愿意跟她玩。上学后，她受到的歧视并未因此减少，老师和同学还是以那种冰冷、鄙夷的眼光看她，认为她是一个没有父亲、没有教养的孩子。在别人的心理暗示下，她变得越来越懦弱，自我封闭，逃避现实，不愿意与人接触，性格变得越来越孤僻。

莉丽 13 岁那年，镇上来了一个牧师，人们非常喜欢听他演说。

莉丽也很想听牧师演说，但她懦弱、胆怯、自卑，认为自己没有资格

进教堂，怕别人赶自己出来。后来，她鼓起勇气，等别人都进入教堂以后，偷偷地溜了进去，躲在后排倾听，趁别人还没有发现自己的时候赶快离开。有了第一次，就有了第二次、第三次……

有一次，她听入迷了，忘记了时间，直到教堂的钟声清脆地敲响，她才惊醒过来。可是已经来不及抢先“逃”走了，她只得低头尾随人群，慢慢朝门外移动……突然，一只手搭在她的肩上，此人正是牧师。

牧师温和地问她：“你是谁家的孩子？”

莉丽被这突如其来的举动吓呆了，她不知所措。

这时，牧师脸上浮起慈祥的笑容说：“我知道了你是上帝的孩子。”

牧师发表了一篇简短的针对莉丽的演说：“这里所有的人和你一样，都是上帝的孩子！过去不等于未来，无论你过去怎么不幸，这都不重要，重要的是你对未来必须充满希望，这样你就会充满力量。只要你调整心态，明确目标，乐观积极地去行动，那么成功就是你的。”

牧师话音一落，教堂里顿时就爆出热烈的掌声。

压抑在莉丽心灵上的陈年冰封瞬间熔化，莉丽的心态从此发生了巨大的变化。

40 岁那年，她当选美国田纳西州州长，届满卸任之后，她弃政从商，成为世界 500 家最大企业之一的公司总裁。

过去决定了现在，而不能决定未来，只有现在的行动和选择才能决定你的未来。不论要做什么事，都不要有“反正我是做不到的了”或“反正我再怎么努力也是无法成功”的想法，这样，你的生活和工作一定不会很顺利，同时还会产生厄运连连的结果。

你应该用积极的心态去努力，时间和金钱都不应该浪费，慢慢地储存下去，才能成就大事。

八　一人力微，成事者妙在善“借”

荀子说“登高而招，臂非加长也，而见者远；顺风而呼，声非加疾也，而闻者彰。假舆马者，非利足也，而致千里；假舟楫者，非能水也，而绝江河。”荀子有“君子生非异也，善假于物也”的东方智慧，而牛顿也有“踩在巨人肩膀上”的西方智慧。无论是东方还是西方，却都阐明了一个道理：成功的人要精于借助他人的智慧和力量。

一个人的力量有多大，不在于他能举起多重的石头，而在于他能获得多少人的帮助。历史上那些雄才大略在史书上留下浓墨重彩一笔的人物，无一不是将“借”之道发挥的淋漓尽致。

身家达数亿英镑的英国著名企业家安妮塔·罗蒂克，在做化妆品生意之前，是个喜欢冒险的嬉皮士。她尝试过许多种职业，做过不少生意，但都失败了。一天，她在与男友谈天时，突然产生了一个神奇的念头，于是，她按照那个念头去做了。这个念头是：为什么我不能像卖杂货和蔬菜那样，用重量或容量的计算方式来卖化妆品？为什么我不能卖一小瓶面霜或乳液……将化妆品的大部分成本都花在精美的包装上，以此来吸引消费者？

她开始按照这个想法运作。然而，就在安妮塔费尽心机，用贷款得来的钱将小店开张的一切准备就绪时，一位律师受两家殡仪馆的委托控告安妮塔，她要么不开业，要么改掉店名，原因是她的"美容小店"这种花哨的店名，势必影响殡仪馆庄严的气氛而破坏业主的生意。

出师不利，还未开业就受到了别人的蛮横阻挠。百般无奈之中，她又有了新念头。她打了个匿名电话给布利顿的《观察晚报》，声称她知道一个吸引读者的新闻：黑手党经营的殡仪馆正在恐吓一个手无缚鸡之力的可怜女人安妮塔·罗蒂克，这个女人只不过想在丈夫外出探险时开一家美容小店维持生计而已。

《观察晚报》在显著位置报道了这个新闻，不少仗义正直的人们来美容小店安慰安妮塔。这使安妮塔解决了问题，而且她的美容小店尚未开张就已名声大振。安妮塔尝到了不花钱做广告的绝美滋味。在她日后的经营中，直至她的美容小店成为大型跨国企业，她都没有在广告宣传上花一分钱。

也许我们手头的财物有限，甚至我们的智慧也有限，我们却可以说，虽然我们拥有的资源有限，但是我们拥有“借用”这一无限资源。其实心胸放开一些的话所谓拥有也不过是能用而已。如果放在角落里一直不用，你又如何算得上拥有？只要自己能够使用，那东西放在屋里还是屋外还不都是一样。所以在这一点上我们完全可以说，只要会借，就等于拥有了无限的资源，就可以以此来成就自己的事业。

万物皆可借于我所用，只要你足够聪明，你所需要的任何东西都可以借到。只是你需要遵循一定的规律，并采取相应的方法。

一位商界的著名人物曾说，他的成功得益于鉴别人才的眼光。这种眼力使他能把每一位职员都安排到恰当的位置上，并且从来没出过差错。不仅如此，他还努力使员工们知道他们所担任的位置对于整个事业的重大意义，这样一来，这些员工无需有人监督，就能把事情办的有条有理，十分妥当。

当今时代，市场竞争激烈，商海喧哗，正是有志者大显身手的好时机。自然，也是充分发挥借他人智慧和力量的最好时候了。栽得梧桐树，引来金凤凰，大旗一挥，四方人才自会纷纷前来出谋出力。

想要创建一番事业，单凭一己之力，事业也难有所成。因此，如果你正想有一番作为，就要善于借助他人的力量，广泛纳集贤才。

九　懂得取舍，学会圆融变通

当今的时代像个万花筒，瞬息万变，既让人眼花缭乱，又给人无数机会。只是有人像孙膑一样借势而起，扬长避短由弱变强，甚至创造出惊天动地的壮举。也有人像田忌一样，坐失良机，空怀雄心壮志留下千古遗憾。因此在安定的环境中，把握自己的命运也要有所选择。

在我们的生活中，无论做什么，人们常常会希望选择多一点。比如说买衣服要去商场多的地方，买电器要去电器集中的地方等等。但是选择多并不一定就是好的。

太多的选择总是容易让人游移不定，不知道怎么办才好。人都有贪欲，总想选择出最好的，但是你不知道哪一个才最好，于是不停的挑挑拣拣，最后像小熊掰玉米一样，什么都没留在手里。

人生没有尽善尽美，缺憾本身也是一种美丽，适合你的才是最好的。为自己量量身，找到适合自己的位置，你一样可以演绎出精彩的人生。

有个过得非常幸福的女人讲述她的爱情故事：

她与她的先生是大学同学。有次周末她去超市的时候，远远的看见她们班的高材生在护肤品的货架前晃动。这位男生是她们班成绩最优秀的，可家里穷，上大学的钱都是四处借来的。当时她就很奇怪，他怎么舍得买昂贵的化妆品呢？于是她好奇地走了过去。他有点不好意思，她打趣地问道："给女朋友买吗?"他腼腆地笑了，"我哪有女朋友，是，是我母亲。"随即他变得严肃起来，接着说道："我妈妈活了半辈子没出过大山，为了一家人在山沟里劳作。上次我们村长出门给他媳妇带回了一瓶护肤品，他媳妇就到处炫耀这玩意让人年轻，妈妈看完后就问我真的那么灵吗?"说着说着他的眼睛湿润了，“我听后很心酸，便决定无论如何要给她买一瓶。其实我妈妈长得很漂亮。”

她被深深打动了，便陪他挑了一款合适的护肤品。

后来，他说他母亲高兴得哭了。再后来，他便成了她的男友，因为她相信一个如此爱母亲的人值得她去爱。

而事实证明她的选择是对的，她结婚8年，婚姻生活非常幸福。凡是见过她先生的朋友无不羡慕她找了个好老公。有事业，又顾家，忠诚稳重，既有才气又风趣幽默懂得体贴人。可是在当初她选择他的时候，几乎遭到了她周围所有人的反对，说他来自农村，家庭负担重，人又其貌不扬，和她反差太大……可是她没有管这些，而是坚定自己的选择，于是才有了今天的幸福。

人生无处不存在选择。既然没办法拥有一切，那就会有所取舍。有所得就必定有所失去，什么都想要的结果只能是什么都得不到。

对许多成功的人来说，成功的机会是无所不在的，关键就在于他们有一双慧眼，在成功与失败之间做出了正确的选择。

人生一世，紧握拳头而来，平摊双手而去，有多少东西也不可能永远属于你。为人处世，每时每刻都要学会放弃。面对成功和喜悦，需要学会放弃。面对困难和挫折，同样需要选择放弃。面对物欲与名利，更要学会放弃。很多聪明人都明白这个道理，从不患得患失，更没有过多的欲望。他们懂得放弃也敢于放弃，所以无论干什么，都能取得成功。

有个女孩子在一家私营企业担任总裁助理已有三年之久，工资待遇非常好，工作也做得非常顺手，但是因为企业环境的限制，很难再有进一步发展的可能。她觉得再待下去就会荒废自己的专业和特长。但是在这里她已经是一个管理者，如果去了其他的公司也许只能做一般的职员，而且很多事情都要从头学起。权衡再三，本着对自己将来负责的态度，她还是辞了职。去了另外一家公司工作。而事实也证明她的选择是对的，在那个公司工作了几年之后，她已经是某重要部门的主管了，并且有着非常好的发展空间。

在很多人眼中，放弃就是懦弱，是无能的表现。其实不然，放弃是另一种开始，是选择了另一个起点。一条道走到黑的是傻瓜，如果目前的路不好走了，就大胆放弃吧，另外的路也许更加畅通无阻。

当你有既定目标的时候，一定要坚持不懈，努力拼搏，最终去实现它。但也不能太强硬不知变通，如果行不通的话就要试着换一种方式去努力。不能因为坚定了目标就无所顾忌勇往直前，因为这样一旦走错路，再想回头往往就来不及了。

十　克服障碍，拥有美好的明天

生活并不总是那么轻松。毫无疑问有些人似乎比别人过得轻松。但每个人都会在某些时刻遇到人生中不得不克服的障碍。我还从来没有碰到过不曾遇到过障碍的人。

据观察，人们对付障碍的方式有两种。有些人，集中精力寻找解决方法，不允许任何事物阻碍他们实现自己的目标。还有一些人，事实上对解决自己的问题不愿承担任何责任。你是哪一种人呢？

实际上，克服障碍能达到两个目的：提高你的自信心，坚定你成功的决心。对许多人来说，生活中的障碍使他们寻找到更积极的人生意义。

当然也有另外一些人把障碍当作无法成功的借口。他们究竟能做些什么？他们想成功，但现实条件阻碍了他们！千万不要成为那样的人。聪明的人认为他们可以克服障碍，这种观点使得他们离想要的东西越来越近。做这样的人吧！

阻碍和困难的存在不一定会令你失败。换一种角度看待它们。当以色列军队面对巨人歌利亚的时候，他们说，“他这么大，我们战胜不了他。”但是当年轻的大卫看见歌利亚的时候，他说，“他这么大，我可不能错过他！”障碍是伪装起来的机会，如果我们无所畏惧地面对它，我们的生活可以因此而改变。

生活中总是会有障碍。真正的挑战是克服障碍。当你期待伟大的事情发生，伟大的事情就将发生。对某些人而言，一个障碍可能使他陷入穷途末路，而对那些有着坚定信念和伟大期待的人来说，障碍仅仅被视为挫折。你还是做这样的人吧！相信自己的未来。

克服障碍也会带来变化。你将离开令你感到安心舒适的地方，这对某些人来说可能是令人惊恐的事情。做你害怕做的事情，去你害怕去的地方，因为如果你让恐惧控制你，并令你裹足不前，那么机会可能从你身边白白流走。

拥有正确的态度也将决定你对发生事物的看法。我还从来没见过态度不正确的人能够克服障碍，好好选择自己处事的态度。想象一下当时我们在罗得西亚的处境，如果我的态度是我们对此无能为力，那么我今天就不会生活在美国。拥有正确的态度可以影响你生活的质量。它决定我们如何看待生活和如何面对逆境。你的态度决定你如何看待面前的障碍。态度决定一切。如果拥有积极的态度，你就可以确认障碍是你拥有更美好明天的工具。

为了创建一个更美好的明天，你可以运用5项强大的措施，而它们也是使你有能力克服任何障碍的5个重要工具。当你阅读的时候，思考一下你需要采取哪些行动，才能真正地过你想要的生活。你的生活不会自己发生改变，最终，决定你成功还是苟且的关键还是你自己的作为。

第一个措施：评估

生活是一项可以自己动手完成的计划，就像盖房子一样。你可以认真精心，使用合适的材料建造一所房子，这样的房子建筑质量高，对后期维修的要求很低；你也可以使用质量次的材料，随便在平地上搭起一个简陋的棚屋，然后看着它坍塌。生活也是这样。

通过认真评估，你可能发现，你一直以来所走的道路也许不会指引你到你想去的地方。那么坐下来，问一问自己：我正去什么地方？为什么？我想去什么地方？评估什么有用，什么无用，什么是你想要的，什么是你不想要的，是实现目标的必要步骤。当你对你的生活作评估的时候，你会做出决定，你将去往何方，你打算如何到达那里，以及你需要采取哪些步骤。你将感到浑身充满力量，因为生活掌握在你的手中。

第二个措施：决定目标

你有什么样的目标？你是那些人中的一员吗？他们常说，“我没有任何目标”，或者“我不知道我想要什么”。你越是迟迟无法决定你人生中想要的东西，则你过一种真正有意义和有目的的生活的可能性就越小。我们的一生只有这么多的明天。未来似乎总是离我们那么遥远，直到有一天，当我们惊叹，我们的时间都去了哪里？

心中拥有目标能赋予你生活的目的。这些目标是锻造成就熔炉中的燃料。思考一下，你的人生还余下多少时间？你想怎样度过这些时间？

目标写在纸上是一项基本战略。然而实际上只有一小部分人能把他们自己想要的东西写下来。让我们做好准备开始！写下你想达到的目标，以及你打算何时实现它们的计划。每当你感觉自信和积极乐观的时候，就这样做。当你感到恐慌，或者你不觉得自己有时间，则难以实现你在生活中想要实现的所有事情。

第三个措施：准备改变

除非我们准备改变，否则这些措施不可能带来我们所追求的成功。让变化自行发生，而我们不积极参与其中的结果，是我们可能不喜欢某种变化最终把我们带到的地方。

与其在你自己的生活中扮演旁观者的角色，不如通过审慎和有目的地参与来主宰你的生活。你面临的最大挑战之一将是做出改变，使你有可能实现那些对你重要的事情。如果你想改变未来，你必须改变你目前的所作所为。消除那些不会产生具有重要价值的成果的旧习惯，去从事那些将使我们拥有美好明天的事业。

无论你目前的处境怎样，至于如何应对变化，你都将有自己的选择。你可以：

让变化从你身边溜走，并希望情况能“回复正常”。

让变化压倒你，并置你于比过去更为糟糕的境地。

主宰变化和你的命运。

做适当规划，并克服障碍，将使我们每一个人都有能力实践沃特·迪斯尼的名言："如果我们能够梦见，我们就能够做到。"

第四个措施：采取行动

你已经决定好你的计划，你也了解你必须作的事情，现在该是你采取行动的时候，你必须让计划付诸实施。正如歌德的诗所说：

你是认真的吗？

那关键时刻不要错失；

发挥你所能，展开你想象的翅膀；

把天赋，才智和魅力赋予勇气；

只有参与才能令你心潮澎湃；

要踌躇，成功终将属于你。

生活靠你创造。而创建美好的明天意味着每次跨出一大步，直到你跨越所有的障碍。

第五个措施：永不放弃

任何值得做的事情都值得你坚持，直到你取得成功。期待伟大发生，伟大就将为你而发生。

多年以前，卡尔文·科立芝（美国第三十任总统）声称："世界上没有任何事情可以取代坚持。才能不会：世上没有什么比空有才能而不成功的人更为普遍的了。天才不会：空有天赋而碌碌无为也几乎是人所共知的事情。教育不会：世界上到处都能见到曾经受过教育的无家可归的流浪汉。只有坚持和决心是万能的。'坚持不懈'这句口号已经解决，而且也将永远解决人类的问题。"

通过实践这五大措施，你会发现自己变得比以前更加强大，更加沉着，而且更加坚定了这个世界上没有任何东西可以动摇你的信念。你和我都拥有能力去发掘我们潜在的精神力量，并把它与将始终引导我们克服障碍并使我们能够创建一个更美好明天的实力结合在一起。